智能制造系列教材

虚拟现实与增强现实

FUNDAMENTAL
OF VIRTUAL AND AUGMENTED REALITY

鲍劲松　武殿梁　编著

U0230166

清华大学出版社

北京

图书在版编目(CIP)数据

虚拟现实与增强现实/鲍劲松,武殿梁编著.—北京:清华大学出版社,2023.10
智能制造系列教材
ISBN 978-7-302-63284-9

Ⅰ.①虚… Ⅱ.①鲍… ②武… Ⅲ.①虚拟现实—教材 Ⅳ.①TP391.98

中国国家版本馆 CIP 数据核字(2023)第 059392 号

责任编辑:刘　杨
封面设计:李召霞
责任校对:赵丽敏
责任印制:丛怀宇

出版发行:清华大学出版社
　　　　网　　　址:http://www.tup.com.cn,http://www.wqbook.com
　　　　地　　　址:北京清华大学学研大厦 A 座　　邮　　编:100084
　　　　社 总 机:010-83470000　　　　　　　　邮　　购:010-62786544
　　　　投稿与读者服务:010-62776969,c-service@tup.tsinghua.edu.cn
　　　　质量反馈:010-62772015,zhiliang@tup.tsinghua.edu.cn
印 装 者:三河市春园印刷有限公司
经　　销:全国新华书店
开　　本:170mm×240mm　　印　张:10.5　　　　字　　数:210 千字
版　　次:2023 年 10 月第 1 版　　　　　　　　印　　次:2023 年 10 月第 1 次印刷
定　　价:32.00 元

产品编号:088940-01

智能制造系列教材编审委员会

主任委员

李培根　雒建斌

副主任委员

吴玉厚　吴　波　赵海燕

编审委员会委员（按姓氏首字母排列）

陈雪峰	邓朝晖	董大伟	高　亮
葛文庆	巩亚东	胡继云	黄洪钟
刘德顺	刘志峰	罗学科	史金飞
唐水源	王成勇	轩福贞	尹周平
袁军堂	张　洁	张智海	赵德宏
郑清春	庄红权		

秘书

刘　杨

多年前人们就感叹,人类已进入互联网时代;近些年人们又惊叹,社会步入物联网时代。牛津大学教授舍恩伯格(Viktor Mayer-Schönberger)心目中大数据时代最大的转变,就是放弃对因果关系的渴求,转而关注相关关系。人工智能则像一个幽灵徘徊在各个领域,兴奋、疑惑、不安等情绪分别蔓延在不同的业界人士中间。今天,5G 的出现使得作为整个社会神经系统的互联网和物联网更加敏捷,使得宛如社会血液的数据更富有生命力,自然也使得人工智能未来能在某些局部领域扮演超级脑力的作用。于是,人们惊呼数字经济的来临,憧憬智慧城市、智慧社会的到来,人们还想象着虚拟世界与现实世界、数字世界与物理世界的融合。这真是一个令人咋舌的时代!

但如果真以为未来经济就"数字"了,以为传统工业就"夕阳"了,那可以说我们就真正迷失在"数字"里了。人类的生命及其社会活动更多地依赖物质需求,除非未来人类生命形态真的变成"数字生命"了,不用说维系生命的食物之类的物质,就连"互联""数据""智能"等这些满足人类高级需求的功能也得依赖物理装备。所以,人类最基本的活动便是把物质变成有用的东西——制造!无论是互联网、物联网、大数据、人工智能,还是数字经济、数字社会,都应该落脚在制造上,而且制造是其应用的最大领域。

前些年,我国把智能制造作为制造强国战略的主攻方向,即便从世界上看,也是有先见之明的。在强国战略的推动下,少数推行智能制造的企业取得了明显效益,更多企业对智能制造的需求日盛。在这样的背景下,很多学校成立了智能制造等新专业(其中有教育部的推动作用)。尽管一窝蜂地开办智能制造专业未必是一个好现象,但智能制造的相关教材对于高等院校与制造关联的专业(如机械、材料、能源动力、工业工程、计算机、控制、管理……)都是刚性需求,只是侧重点不一。

教育部高等学校机械类专业教学指导委员会(以下简称"机械教指委")不失时机地发起编著这套智能制造系列教材。在机械教指委的推动和清华大学出版社的组织下,系列教材编委会认真思考,在 2020 年新型冠状病毒感染疫情正盛之时进行视频讨论,其后教材的编写和出版工作有序进行。

编写本系列教材的目的是为智能制造专业以及与制造相关的专业提供有关智能制造的学习教材,当然教材也可以作为企业相关的工程师和管理人员学习和培训之用。系列教材包括主干教材和模块单元教材,可满足智能制造相关专业的基础课和专业课的需求。

主干教材,即《智能制造概论》《智能制造装备基础》《工业互联网基础》《数据技术基础》《制造智能技术基础》,可以使学生或工程师对智能制造有基本的认识。其中,《智能制造概论》教材给读者一个智能制造的概貌,不仅概述智能制造系统的构成,而且还详细介绍智能制造的理念、意识和思维,有利于读者领悟智能制造的真谛。其他几本教材分别论及智能制造系统的"躯干""神经""血液""大脑"。对于智能制造专业的学生而言,应该尽可能必修主干课程。如此配置的主干课程教材应该是本系列教材的特点之一。

本系列教材的特点之二是配合"微课程"设计了模块单元教材。智能制造的知识体系极为庞杂,几乎所有的数字-智能技术和制造领域的新技术都和智能制造有关,不仅涉及人工智能、大数据、物联网、5G、VR/AR、机器人、增材制造(3D 打印)等热门技术,而且像区块链、边缘计算、知识工程、数字孪生等前沿技术都有相应的模块单元介绍。本系列教材中的模块单元差不多成了智能制造的知识百科。学校可以基于模块单元教材开出微课程(1 学分),供学生选修。

本系列教材的特点之三是模块单元教材可以根据各所学校或者专业的需要拼合成不同的课程教材,列举如下。

♯课程例 1——"智能产品开发"(3 学分),内容选自模块:

➢ 优化设计

➢ 智能工艺设计

➢ 绿色设计

➢ 可重用设计

➢ 多领域物理建模

➢ 知识工程

➢ 群体智能

➢ 工业互联网平台

♯课程例 2——"服务制造"(3 学分),内容选自模块:

➢ 传感与测量技术

➢ 工业物联网

➢ 移动通信

➢ 大数据基础

➢ 工业互联网平台

➢ 智能运维与健康管理

♯课程例 3——"智能车间与工厂"(3 学分),内容选自模块:

➢ 智能工艺设计

➢ 智能装配工艺

➢ 传感与测量技术

➢ 智能数控

➢ 工业机器人

➢ 协作机器人

➢ 智能调度

➢ 制造执行系统(MES)

➢ 制造质量控制

总之,模块单元教材可以组成诸多可能的课程教材,还有如"机器人及智能制造应用""大批量定制生产"等。

此外,编委会还强调应突出知识的节点及其关联,这也是此系列教材的特点。关联不仅体现在某一课程的知识节点之间,也表现在不同课程的知识节点之间。这对于读者掌握知识要点且从整体联系上把握智能制造无疑是非常重要的。

本系列教材的编著者多为中青年教授,教材内容体现了他们对前沿技术的敏感和在一线的研发实践的经验。无论在与部分作者交流讨论的过程中,还是通过对部分文稿的浏览,笔者都感受到他们较好的理论功底和工程能力。感谢他们对这套系列教材的贡献。

衷心感谢机械教指委和清华大学出版社对此系列教材编写工作的组织和指导。感谢庄红权先生和张秋玲女士,他们卓越的组织能力、在教材出版方面的经验、对智能制造的敏锐性是这套系列教材得以顺利出版的最重要因素。

希望本系列教材在推进智能制造的过程中能够发挥"系列"的作用!

2021 年 1 月

　　制造业是立国之本，是打造国家竞争能力和竞争优势的主要支撑，历来受到各国政府的高度重视。而新一代人工智能与先进制造深度融合形成的智能制造技术，正在成为新一轮工业革命的核心驱动力。为抢占国际竞争的制高点，在全球产业链和价值链中占据有利位置，世界各国纷纷将智能制造的发展上升为国家战略，全球新一轮工业升级和竞争就此拉开序幕。

　　近年来，美国、德国、日本等制造强国纷纷提出新的国家制造业发展计划。无论是美国的"工业互联网"、德国的"工业 4.0"，还是日本的"智能制造系统"，都是根据各自国情为本国工业制定的系统性规划。作为世界制造大国，我国也把智能制造作为推进制造强国战略的主攻方向，并于 2015 年发布了《中国制造 2025》。《中国制造 2025》是我国全面推进建设制造强国的引领性文件，也是我国实施制造强国战略的第一个十年的行动纲领。推进建设制造强国，加快发展先进制造业，促进产业迈向全球价值链中高端，培育若干世界级先进制造业集群，已经成为全国上下的广泛共识。可以预见，随着智能制造在全球范围内的孕育兴起，全球产业分工格局将受到新的洗礼和重塑，中国制造业也将迎来千载难逢的历史性机遇。

　　无论是开拓智能制造领域的科技创新，还是推动智能制造产业的持续发展，都需要高素质人才作为保障，创新人才是支撑智能制造技术发展的第一资源。高等工程教育如何在这场技术变革乃至工业革命中履行新的使命和担当，为我国制造企业转型升级培养一大批高素质专门人才，是摆在我们面前的一项重大任务和课题。我们高兴地看到，我国智能制造工程人才培养日益受到高度重视，各高校都纷纷把智能制造工程教育作为制造工程乃至机械工程教育创新发展的突破口，全面更新教育教学观念，深化知识体系和教学内容改革，推动教学方法创新，我国智能制造工程教育正在步入一个新的发展时期。

　　当今世界正处于以数字化、网络化、智能化为主要特征的第四次工业革命的起点，正面临百年未有之大变局。工程教育需要适应科技、产业和社会快速发展的步伐，需要有新的思维、理解和变革。新一代智能技术的发展和全球产业分工合作的新变化，必将影响几乎所有学科领域的研究工作、技术解决方案和模式创新。人工智能与学科专业的深度融合、跨学科网络以及合作模式的扁平化，甚至可能会消除某些工程领域学科专业的划分。科学、技术、经济和社会文化的深度交融，使人们可以充分使用便捷的软件、工具、设备和系统,彻底改变或颠覆设计、制造、销售、服务和消费方式。因此,工程教育特别是机械工程教育应当更加具有前瞻性、创新性、开放性和多样性,应当更加注重与世界、社会和产业的联系,为服务我国新的"两步走"宏伟愿景做出更大贡献,为实现联合国可持续发展目标发挥关键性引领作用。

需要指出的是,关于智能制造工程人才培养模式和知识体系,社会和学界存在多种看法,许多高校都在进行积极探索,最终的共识将会在改革实践中逐步形成。我们认为,智能制造的主体是制造,赋能是靠智能,要借助数字化、网络化和智能化的力量,通过制造这一载体把物质转化成具有特定形态的产品(或服务),关键在于智能技术与制造技术的深度融合。正如李培根院士在丛书序 1 中所强调的,对于智能制造而言,"无论是互联网、物联网、大数据、人工智能,还是数字经济、数字社会,都应该落脚在制造上"。

经过前期大量的准备工作,经李培根院士倡议,教育部高等学校机械类专业教学指导委员会(以下简称"机械教指委")课程建设与师资培训工作组联合清华大学出版社,策划和组织了这套面向智能制造工程教育及其他相关领域人才培养的本科教材。由李培根院士和雒建斌院士、部分机械教指委委员及主干教材主编,组成了智能制造系列教材编审委员会,协同推进系列教材的编写。

考虑到智能制造技术的特点、学科专业特色以及不同类别高校的培养需求,本套教材开创性地构建了一个"柔性"培养框架:在顶层架构上,采用"主干教材+模块单元教材"的方式,既强调了智能制造工程人才必须掌握的核心内容(以主干教材的形式呈现),又给不同高校最大程度的灵活选用空间(不同模块教材可以组合);在内容安排上,注重培养学生有关智能制造的理念、能力和思维方式,不局限于技术细节的讲述和理论知识的推导;在出版形式上,采用"纸质内容+数字内容"的方式,"数字内容"通过纸质图书中列出的二维码予以链接,扩充和强化纸质图书中的内容,给读者提供更多的知识和选择。同时,在机械教指委课程建设与师资培训工作组的指导下,本系列书编审委员会具体实施了新工科研究与实践项目,梳理了智能制造方向的知识体系和课程设计,作为规划设计整套系列教材的基础。

本系列教材凝聚了李培根院士、雒建斌院士以及所有作者的心血和智慧,是我国智能制造工程本科教育知识体系的一次系统梳理和全面总结,我谨代表机械教指委向他们致以崇高的敬意!

赵维

2021 年 3 月

前言
PREFACE

当前,计算机、人工智能、新一代通信与传感器等技术加快提升了制造业数字化、智能化、网络化的水平,从根本上提高了工业知识产生和利用的效率。虚拟现实(VR)和增强现实(AR)技术作为新一代的人机交互界面,成为先进的制造技术,像机器人、3D打印和物联网一样,正以创新的方式被使用,是智能制造重要的使能技术。随着智能制造的快速推进,VR/AR技术正在重塑制造领域,在制造全生命周期发挥不可替代的作用,可以提高设计功能和性能,洞察制造过程使之透明化,使得人机协同更加高效。

VR/AR的主要技术基础是计算机图形学,同时还涉及计算机其他学科、认知科学、电磁、机械等多学科。在智能制造工程类专业开设VR/AR课程是非常必要的。本书共分为8章,首先介绍VR/AR的发展历史和相关概念,然后按照制造系统中虚实融合的步骤展开:从场景的几何建模、虚拟场景搭建,到真实感渲染的基本流程、场景中的动画;再接着介绍人机交互技术,利用VR/AR和科学计算可视化进行集成等,最后给出常见的VR/AR开发方法。

全书主要部分由东华大学鲍劲松教授负责撰写,第3章由上海交通大学武殿梁副研究员撰写。本书涉及的图形学相关内容参考了美国斯坦福大学的课程cs148、cs248、cs468、ee267,加利福尼亚大学圣塔芭芭拉分校的课程cs184,加利福尼亚大学圣迭戈分校的课程cse167,乔治梅森大学的课程15462,北卡罗来纳大学的课程comp575,布朗大学的课程cs123,以及英国剑桥大学的课程1819等内容。另外,东华大学的刘天元、丁志昆、刘世民、卢山雨、江亚南、吕其彬、胡富琴等博士、硕士研究生参与了本书文献检索、公式校核和图表等编辑工作,魏静庵、丁志昆、卢山雨提供了本书的案例代码,在此表示感谢。同时,感谢上海交通大学的杨旭波教授、蔡鸿明教授,华中科技大学的王俊峰教授,同济大学的贾金原教授对本书提出的宝贵意见。

本书中涉及的相关随书代码、例程,可通过右侧二维码扫描获取。

由于时间仓促,作者知识浅陋,不足之处敬请广大读者指正。

随书代码网址

作　者

2022年12月于沪上

目 录

CONTENTS

第1章

虚拟/增强现实技术基础

虚拟现实和增强现实(VR/AR)是一种沉浸式、互动式体验,既包括人的感官体验,又包括人的认知体验,是基于三维数字仿真的可视化人机交互接口技术。VR/AR 技术的发展已逾 50 年,但直到最近几年才得到突飞猛进的发展。它们不仅在娱乐业领域得到了非常广泛的应用,在工业领域也有着广阔的应用前景。周济院士认为,智能制造系统是由相关的人、信息系统以及物理系统(HCPS)有机组成的综合智能系统,其中物理系统是主体,信息系统是主导,人是主宰[1]。制造系统中人的作用不可或缺,VR/AR 被认为是智能制造的重要使能技术,将人与信息系统(HCS)、信息物理系统(CPS)和人与物理系统(HPS)有机融合起来,如图 1-1 所示。本章就按照这种融合关系,从 VR/AR 技术出发,介绍构建信息系统、人与信息系统的感知和认知,以及人与 HCS,HPS 和 CPS 的交互,展开基础理论、实现方法和应用开发介绍。

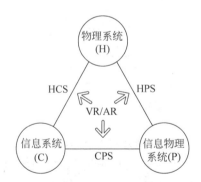

图 1-1　VR/AR 与 HCPS 系统的关系

1.1　概念与发展历史

VR/AR 在今天来说并不是新概念,两者在游戏、电影等领域已被广泛应用,被普遍认为是一种先进的可视化人机接口。但 VR/AR 到底是什么?

1.1.1　定义

虚拟现实(virtual reality,VR),也称虚拟技术、虚拟环境,早期译为"灵境技术"。VR 的术语起源可追溯到德国哲学家康德(Immanuel Kant)提到的"Reality",现代意义的 VR 术语则是由杰伦·拉尼尔(Jaron Lanier)在 20 世纪 80 年代提出的。从字面上看,"虚拟现实"一词本身就是矛盾的,奥卢大学(University of Oulu)的 Steven M. LaValle 在其 2019 年出版的专著 *Virtual Reality* 中指出,VR 系统会使人保持一种知觉上的错觉,应该从人的心理、感知和认知角度来定义。在本书中,作者倾向于将虚拟现实定义为:完全利用数字化技术模拟产生三维虚拟世界,并使用立体显示设备和三维交互装置,为用户提供视觉、力觉等多感官的模拟,让用户沉浸在所营造的虚拟场景中,并与之互动的技术。

增强现实(augmented reality,AR)的术语最早由波音公司的 Tom Caudell 在 1990 年使用。增强现实可定义为融合了现实世界场景和虚拟仿真模型或信息,且现实世界中的物体被计算机生成的信息所增强,可实现与现实世界环境进行互动的一种体验技术。

值得注意的是,对 VR/AR 目前还没有被业界普遍接受的定义,并且目前虚实融合的人机交互接口领域还出现了新的概念,比如混合现实(mixed reality,MR)、扩展现实(eXtended Reality,XR)等。VR、AR 和 MR 技术的界限可以通过 1994年 P. Milgram 等给出的虚拟-现实界限图进行区分,如图 1-2 所示。

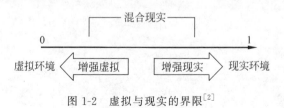

图 1-2　虚拟与现实的界限[2]

在图 1-2 中添加一个数轴,虚拟环境和现实环境分别位于一条数轴的两端,越靠近 1,越趋向于物理世界(现实环境),场景中物理世界的要素越多,虚拟要素越少。反之,越靠近 0,则越趋向于虚拟世界(虚拟环境),场景中虚拟对象的比例就越多。

(1) 虚拟现实:看到的一切都是虚拟的,所有的要素都是数字化营造的假象。它是一种可以创建和体验虚拟世界的计算机仿真系统,即利用计算机生成一种模拟环境,场景是完全由计算机生成的三维虚拟环境,通过多源信息融合的/交互式的三维动态视景和实体行为的仿真,使用户沉浸到该环境中,让人的意识完全地进入虚拟世界,与现实环境相隔绝。VR 位于图 1-2 中数轴的最左侧。

(2) 增强现实:在现实环境中增添由计算机生成的、可以交互的虚拟物体或信息,其混合度是由里面虚拟对象和物理对象的比例来决定的。可以看出,AR 系统在图 1-2 中靠近右侧。AR 将虚拟信息加入实际生活场景,就是将现实环境扩大了,是在现实场景中加入虚拟信息。例如,在汽车维修时,将需要维修的部件标注出来;汽车抬头显示器(HUD)可将车速、导航等信息投影(或反射)在挡风玻璃上,让驾驶员可以避免低头,这些都是典型的 AR 应用。

因此,通过虚拟环境和现实环境的距离,可以定性地度量虚拟和现实的混合方式,比如某系统更加"虚拟化"些。人类通常更多感知的是物理世界,在体验数字化过程中,"增强"根据接近虚拟世界和物理世界的程度,分为增强虚拟(augmented virtuality,AV)和增强现实。AV 将真实信息加入虚拟环境里,例如电玩游戏时可通过游戏手把感应重力,并且将现实中才有的重力特性加入游戏中,用来调整、控制赛车的方向。AR 则是将虚拟对象和信息添加到物理世界中,使物理世界得到"扩展"。将物理世界和虚拟世界混合在一起,统称为 MR,这是最近几年提出的名词,尽管某些文献论述中 MR 和 AR 有细微不同,在本书中作者不特意强调 AR 和 MR 的区别,都统一归为 AR。

1.1.2　VR/AR 的特点

1. VR 的特点——"3I"

虚拟现实环境是完全由计算机生成的三维虚拟环境,人如果融入到系统中,就非常强调系统具有沉浸感、逼真性,既要求有高的真实感、自然的交互方式,又要满足实时性的交互要求。因此,虚拟现实可以总结为有"3I"特点(分别为沉浸(Immersion)、交互(Interaction)、想象(Imagination)的三个首字母),如图 1-3 所示。

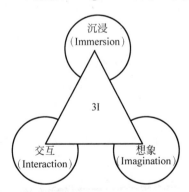

图 1-3　虚拟现实三大特点(3I)

(1) 沉浸:沉浸是指用户感觉到完全置身于虚拟环境中,被虚拟世界所包围,觉得自己是虚拟世界中的一部分,使用户由被动的观察者变成主动的参与者,沉浸于虚拟世界之中,参与虚拟世界的各种活动。"沉浸"包括身体沉浸和精神沉浸两方面的含义。虚拟现实的沉浸性来源于对虚拟世界的多感知性,包括视觉感知、听觉感知、触觉感知,以及运动感知、味觉感知、力觉感知、嗅觉感知、身体感觉等。

（2）交互：交互是指用户可与虚拟世界中的各种对象进行交互。在传统的多媒体技术中，人机之间主要是通过键盘与鼠标进行一维、二维的交互，而 VR 系统中人与虚拟世界之间则以自然的方式进行交互，人借助各种交互硬件设备，以自然的方式，与虚拟世界进行交互，实时产生如在现实世界中一样的感知。比如用户可以用手直接抓取虚拟世界中的物体，并可以感觉到物体的重量、软硬等，这种自然的人机交互极大地加强了用户的沉浸感。

（3）想象：VR 为人更深入地认识世界提供了一种全新的接口和手段，使人突破时间与空间，去体验世界上早已发生或尚未发生的事情，"进入"宏观或微观世界进行研究和探索，从而完成某些因为条件限制而难以完成的事情。沉浸在虚拟世界中会激发人的想象力，尤其当多人参与在同一个虚拟场景中时。因此，VR 系统在汽车设计中得到了广泛应用。

2. AR 的特点——"3R"

AR 也要实现 VR 的"3I"，但是 AR 更强调虚拟世界和物理世界的融合，因此，其特点也围绕虚实融合来形成。对应"3I"，本书将 AR 的特点总结为"3R"，分别是虚实共融（Reaction）、增强（Reinforcement）和三维注册（Registration），如图 1-4 所示。

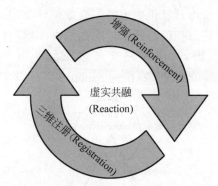

图 1-4　增强现实的三大特点（3R）

（1）虚实共融：利用光学反射原理，将信息投射在镜片上，并经过平衡反射将影像投射入用户的眼睛，这样就可以将虚拟对象和真实环境对象融合在一起。为了获得以假乱真的虚实共融场景，三维虚拟模型需要是高度逼真的，同时能够对物理行为进行表达和对环境进行响应。通过人机交互从精确的位置扩展到整个环境，从简单的人面对屏幕交流发展到将自己融合于周围的空间与对象中。运用信息系统不再是自觉而有意义的独立行动，而是和人们的当前活动自然而然地成为一体。

（2）增强：AR 系统通过融入虚拟对象或对物理世界添加虚拟的数字化标签，实现物理世界的增强。这种增强不仅可以增加物理世界的三维场景对象，还通过信息标注增强了对真实场景中对象的理解，将隐式的信息显现出来。

（3）三维注册：实现虚实共融和环境增强，要让待增强的对象和虚拟对象之间精确匹配和精准融合，根据用户在三维空间的运动调整计算机产生的增强信息。

1.1.3 VR/AR 的发展

VR 术语的起源很早，可以追溯到德国哲学家康德。1938 年法国剧作家安托南·阿尔托（Antonin Artaud）将剧院描述为虚拟现实。而和现在意义一致的 VR 术语则是由贾龙·拉尼尔（Jaron Lanier）在 20 世纪 80 年代提出，他创建了 VPL Research 公司，对推广 VR 概念起到重要作用。截至目前，VR/AR 的发展已经超过 40 年，如图 1-5 所示，经历了启蒙、成长发展阶段，目前可认为基本成熟。

VR/AR 的发展历史

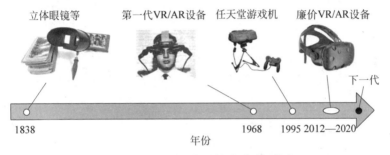

图 1-5 VR/AR 发展的重要时间节点

1.2 VR/AR 的沉浸原理

人类观察世界是立体的，真实世界和人完全融合在一起。但是人所看到的所谓三维世界都是三维世界在其视网膜上的二维投影而已，只不过这些二维投影包含了大量的三维信息，大脑通过二维投影来重建并理解三维世界。正常情况下大脑（和身体部位）控制着感觉器官（眼睛、耳朵、手指），因为它们接受来自周围物理世界的自然刺激，如图 1-6(a) 所示。

VR/AR 系统建立逼真的三维数字化虚拟环境，当人融入到增强的场景中时，强烈的沉浸感来源于真实环境下与虚拟对象自然的人机交互过程。如图 1-6(b) 所示。计算机生成的虚拟世界如果足够真实，就会填充虚拟和真实世界之间的间隔，人的大脑就会被"欺骗"，认为虚拟世界其实就是周围的物理世界，电影黑客帝国中就描述了这种情形。因此 VR 和 AR 的首要问题就是要实现"沉浸"，尽管沉浸的定义是广泛且可变的，但是在此仅假设用户感觉自己像是模拟世界的一部分。虚拟环境能否真正地使用户身临其境取决于许多因素，如生成可信逼真的三维环境、产生深度感知暗示，其他通道（包括声音、力觉和触觉）感知、显示，自然的人机交互等。整个 VR/AR 系统的结构和层次，如图 1-7 所示。本书章节依其主线安排。

沉浸感知和幻觉并不限于视觉通道，表 1-1 显示了人类感官的分类。不同的

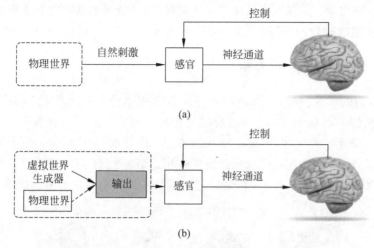

(a)

(b)

图 1-6　通常的感知过程和 VR/AR 感知过程[3]

(a) 通常感知过程；(b) VR/AR 感知过程

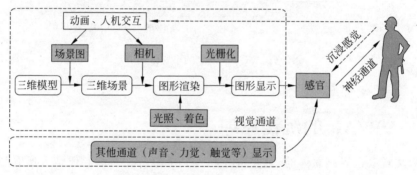

图 1-7　VR/AR 系统体系

刺激在不同的感官中将能量源转化为信号，对于人体意味着刺激被转化为神经脉冲。在人眼里，有超过 1 亿个感光体精确地感受可见光频率范围内的电磁能量。这些不同种类的光感受器可感知不同的颜色和光照度。其中近眼显示技术以沉浸感提升与眩晕控制为主要发展趋势。

表 1-1　感觉、刺激和接受分类

感　觉	刺　激	感　受　器	感　官
视觉	光电磁能量	图像传感器	眼
听觉	空气压力波	机械传感器	耳
触觉	组织扭曲	机械和热传感器	皮肤和肌肉
平衡感	重力和加速度	机械传感器	前庭
嗅觉/味觉	化学分解	化学传感器	鼻/舌头

听觉、触觉和平衡感涉及运动、振动或重力，是由人体机械感受器感受到的。

人的平衡感在前庭感知器中生成,可以帮助人体感知头部的方向,包括感知"向上"的方向。味觉和嗅觉被归为一类,称为化学感觉,它依赖于人体中的化学感受器。化学感受器根据人舌头上或鼻腔中出现的物质的化学成分提供信号。

1.2.1　深度暗示

让人感觉沉浸在计算机营造的环境中,首先要让人的心理确定是身处与真实世界一样的三维空间。感知心理学就是理解大脑如何将感觉刺激转化为感知现象的科学,需要研究物体看起来有多远,每秒多少帧才足以让人感知到运动是连续的,以及什么是存在感等问题。

人眼的视野很宽,水平方向约 220°,垂直方向约 130°,呈椭圆形,如图 1-8 所

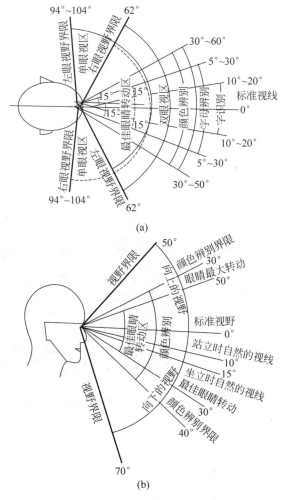

图 1-8　人眼的水平和垂直视角

(a) 水平面内视野;(b) 垂直面内视野

示。但在通常的显示方式中,显示器均在视野之内,因此缺乏立体视觉的身临其境感。为此,增大显示器可以增强立体感。例如,宽银幕电影的立体感就比窄银幕的强,而全景电影由于没有画框,立体感更强。

现实世界中当人的头部旋转运动时,可以实现360°视野观察。在沉浸显示中,通过追踪人的头部旋转方向,来实时更新对应的显示画面,模拟人眼所看到的景物的变化。人具有深度感知的生理机能是对物理世界进行三维感知最重要的依据。VR/AR采用的沉浸显示技术主要通过模拟人眼的立体视差、运动视差、视野范围来提供基本的视觉沉浸感,此外还可进一步通过模拟人眼聚焦、动态范围等方式来提高视觉沉浸感。

人类判断深度的方法可以分为两大类:一类是单眼深度暗示(monocular depth cues),指的是只依赖于单只眼睛作出判断;另一类是双眼深度暗示(binocular depth cues),或者称为立体深度暗示,指的是需要同时依赖于两只眼睛作出判断。

1. 单眼深度暗示

1) 线性透视

线性透视(linear perspective)是在平面上表现立体感的最有效的方法,在绘画艺术中被广泛采用。人通过线性透视可以在没有障碍物的情况下看到很远的距离。地平线是一条线,它将视野一分为二,上半部分是天空,下半部分是地面。由于透视投影,物体与地平线的距离直接对应于它们的距离。离地平线越近,感知的距离越远,如图1-9(a)所示。而两根等长的线,远处的线看起来要长一点,如图1-9(b)所示。

(a)   (b)

图1-9　线性透视体现深度信息

2) 相对大小

当看到两个大小相似的物体时,你会判断它们的外观,感觉大的物体比小的物体更接近你,如图1-10(a)所示。同样大小的物体,当观看距离不同时,在视网膜上成像的大小也不相同,距离越远,视网膜像越小,如图1-10(b)所示。视线方向上平行线上对应的两点随着视距的增大,在视网膜上所成像点的距离线性减小。由此,可通过比较视网膜像的大小来判断物体的前后关系。

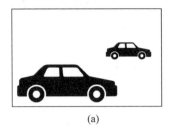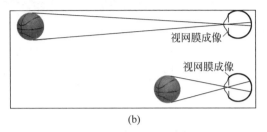

(a) (b)

图 1-10 相对大小体现深度信息

3）遮挡关系

当物体部分重叠时，与实际距离相比，后面的物体会显得最远。这种对深度的感知，使你有可能对相对的距离有一个直观的处置。当景物有相互遮挡时，也会产生深度暗示。如图 1-11 所示，球体、柱体和立方体在不同遮挡情况下将产生不同的立体视觉。

图 1-11 遮挡关系体现深度信息

4）运动视差

运动视差（motion parallax）是人眼获得三维立体视觉感知的重要线索。如图 1-12(a)所示，当人在现实场景中左右移动时，所看到的景物会随之发生变化。当人和周围环境中的物体做相对平行运动时，远近不同的物体在运动速度和运动

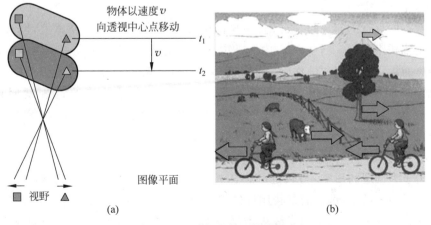

(a) (b)

图 1-12 运动视差体现深度信息

方向上会出现差异,近处的物体看上去移动得快且方向相反,远处的物体移动得慢且方向相同,如图 1-12(b)所示。这是由于在同一时间内距离不同的物体在视网膜上运动的范围不同,近处物体的视角大,在视网膜上运动的范围大,而远处物体的视角小,在视网膜上运动的范围小,因而产生不同的速度和方向印象。在运动场景中根据对象的不同速度可以判断物体的远近,如图 1-12 所示。

5) 光和阴影

物体上光亮部分和阴影部分的适当分配可以改变或增强立体感,如图 1-13(a)所示。因此阴影所产生的深度感也是心理学上的重要暗示。例如,图 1-13(b)所示,在人行道上绘制的阴影,就有非常逼真的三维深度效果。

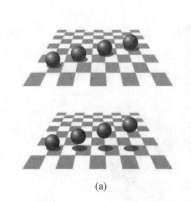
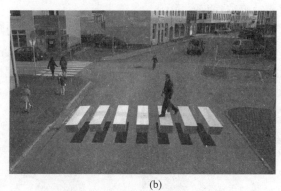

(a)　　　　　　　　　　　　　　　　　(b)

图 1-13　阴影体现深度信息

6) 纹理梯度

视野中物体在视网膜上的投影大小及投影密度上的递增和递减,称为纹理梯度(texture gradient)。当你站在一条用砖块铺成的路上向远处观察时,就会看到越远的砖块显得越小,这是因为远处部分在每单位面积上的砖块数量在网膜上的像较多。

7) 调整焦距

看不同远近的对象时,眼睛会一起移动,以便聚焦在近处的物体上,但又与远处的物体相距较远。当会聚发生时,眼睛必须先旋转,才能聚焦在一个物体上。这种聚焦的提示也可以帮助你确定物体有多远。看见近处一物体,有些模糊,所以睫状肌拉动晶状体调整焦距将眼睛聚焦上去,而改变晶状体的过程就叫调焦(accommodation)。如图 1-14 所示,看远处时晶状体压扁,看近处时晶状体拉长。为此,可以用景深(depth-of-field)来模拟眼睛调焦的效果。

8) 环境影响

由于大气层的影响,与较近的物体相比,远处的物体看起来不清晰或有些模糊。对于同一场景,远处的景物比近处的景物或多或少会更模糊,这样会产生深度暗示。景物越远,其发出的光线被空气中的微粒(如尘埃、烟、水气)散射越多,因

图 1-14　焦距调整体现深度信息

而显得越模糊。

2. 双眼深度暗示

双眼深度暗示主要包括两类：聚焦与视差。人眼注视物体时会进行调焦（accommodative）和聚散（vergence）。如图 1-15 所示，调焦就是调整晶状体大小把焦点对准当前的深度平面，聚散则是眼睛内部转动让视线聚焦在某个点，它们相互影响。收敛眼睛的聚散度会影响眼睛调节晶状体，这时产生的深度暗示称为聚散暗示。

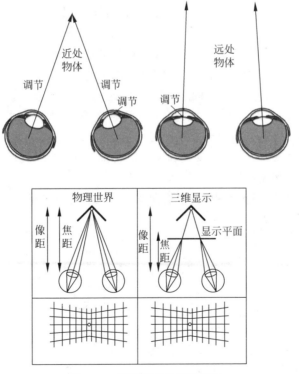

图 1-15　眼睛调焦的深度暗示

　　早在 1839 年，英国著名科学家温特斯顿（Winterston）就在思考一个问题——"人类观察到的世界为什么是立体的？"经过一系列研究发现：因为人长着两只眼睛。人的双眼大约相隔 6.5cm，观察物体（如一排重叠的保龄球瓶）时，两只眼睛从不同的位置和角度注视着物体，左眼看到左侧，右眼看到右侧。这排球瓶同时在视网膜上成像，而人的大脑可以通过对比这两幅不同的"影像"自动区分出物体的距离远近，从而产生强烈的立体感。引起这种立体感觉的效应叫作"视觉位移"。用两只眼睛同时观察一个物体时，物体上每一点对两只眼睛都有一个张角。物体离双眼越近，其上每一点对双眼的张角越大，视差位移也越大。

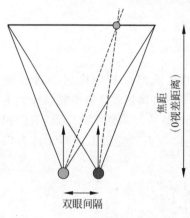

图 1-16　立体视差示意图

　　立体视差是人眼获得三维立体视觉感知的最重要线索。人眼在观察现实世界时，现实世界的光线在景物间产生反射、折射等现象，最终所形成的光线投射到眼底视网膜上成像，视神经将信号传输到大脑皮层的视觉处理区域，从而获得对景物的视觉感知。如图 1-16 所示，由于人的左右眼位置不同，景物在左右眼的视网膜上所投射的像也会有所不同。例如，在眼前竖起食指，并先闭上左眼，用右眼观察，然后闭上右眼，用左眼观察，你会发现食指和远处背景的相对位置，在左右眼看来会有明显不同，形成双目立体视差，由此产生不同深度的感觉。

　　立体眼镜发展已有近 200 年的历史。当前的沉浸技术是通过计算机图形图像技术来生成左右眼不同的画面，并通过立体显示技术，分别给左右眼同步展示不同画面，从而模拟人眼的立体视差效果。可通过直接给左右眼分屏来实现立体显示，通过左右眼的眼罩来保证左眼只看到左边屏幕的画面，右眼只看到右边屏幕的画面，由此带来立体深度的感觉。

　　立体视差是两眼图像的视差，根据聚焦点在投影屏幕的前后位置不同，可分为正视差、零视差和负视差，如图 1-17 所示。

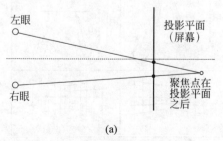

(a)

图 1-17　正视差、零视差和负视差

(a) 正视差；(b) 零视差；(c) 负视差

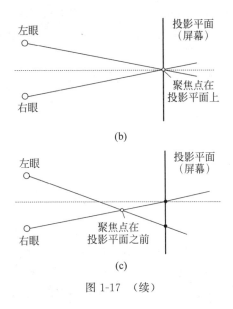

图 1-17　（续）

在视觉系统中常使用水平视差,不使用垂直视差。采用 toe-in(旋转)方法,会产生垂直视差,从而造成视觉上的不适感,如图 1-18(a)所示;而采用 off-axis 方法则可以避免垂直视差所导致的视觉不适感,如图 1-18(b)所示。

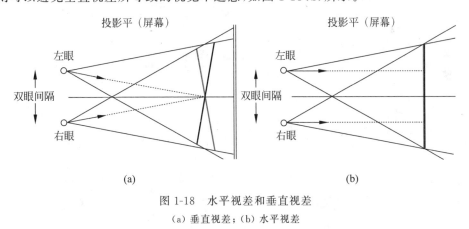

图 1-18　水平视差和垂直视差

（a）垂直视差;（b）水平视差

根据认知心理学分析,人们对不同的深度暗示,包括单眼和双眼的深度暗示,其敏感性不尽相同。

1.2.2　自然人机交互

对自然人机交互的衡量,并非取决于界面的交互模式,而是取决于用户自身的体验。一旦人充分相信数字环境是真实的,就能够以自然、直觉的方式与环境进行交互。人的手和身体本身就是极为灵活的工具,不需辅助就可以胜任许多通用型的任务。同时,各式各样的工具造就了人类从事各种专门活动的能力,而每一种工具的设计和使用都尽最大可能为其支持的活动做了专门的优化,本身就是"自然人机交互"的典范。用笔写字实际上更好地利用了人多个手指灵活配合和控制的能力,大大提高了书写的准确性和丰富性。同样的道理,在今天的计算机使用中,特别是对于许多专门性的活动,一套设计合理的输入设备(例如数字笔)也可以延展人的能力,从而提供更加自然的界面。因此,"自然"并不是一个绝对的概念,无法抛开情境来下结论。自然人机交互使用手势、语音、触控,甚至是脑电波,这些交互的共性是不需要专门的输入工具,而是用身体的某一部分直接进行操作。

1.2.3　虚实融合

虚实场景融合是增强现实中的关键技术难点。虚拟物体和真实场景之间的融合,主要是解决虚实之间的几何一致性、时间一致性、遮挡一致性和光照一致性问题。不同于 VR 系统,在 AR 应用系统开发中面临的关键问题是如何解决真实场景和虚拟物体在几何、光照、时间和遮挡方面的一致性问题。

1. 几何一致性

场景图中的几何变换节点解决几何一致性问题。如图 1-19 所示。利用 AR 的三维注册技术,将虚拟物体与真实场景置于一个统一的坐标系中,并从同一个视点去观察,使虚拟物体和真实物体保持一致的透视变换和正确的遮挡关系。

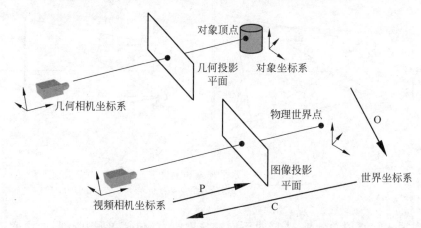

图 1-19　增强现实的坐标系统保证几何一致性[5]

AR 系统须较好地解决增强现实注册定位问题,当用户转动和移动头部的时候,用户所感觉到的场景信息变化应是协调一致的。AR 系统不需要显示完整的虚拟场景,但需要分析大量的定位数据和场景信息,以保证由计算机生成的虚拟物体可以精确定位在真实场景中。

2. 时间一致性

AR 系统利用附加的图形和文字对周围的真实世界动态地进行增强,期望用户能够像在现实世界一样在增强信息空间内自由活动,像和真实世界的物体一样与虚拟物体进行交互,要求系统具有较高的实时性。要达到 AR 系统与用户的实时交互,就要统一、高效地对 AR 设备和场景进行管理,支持协同工作。在 AR 的三维场景图中这些对象放在不同的节点,通过场景图的组织,可实现不同视角、不同变换的查询处理。

3. 光照一致性[6]

光照一致性的真实感渲染反映出 AR 系统对显示质量的要求。光照一致性主要关注的是真实场景中的光照或新加入的虚拟光照对场景中的原有物体以及新加入的虚拟物体的作用,属于虚拟物体真实感绘制问题,包括明暗、阴影、反射等,如图 1-20 所示。因为场景中的原有物体和加入的虚拟物体共享同一个光照模型,所以光照一致性问题又被称为共同光照问题。

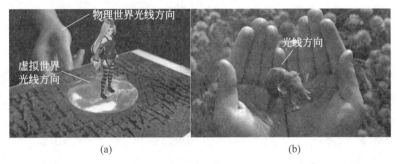

(a)　　　　　　　　　　　　(b)

图 1-20　AR 的光照一致性
(a) 不考虑光照一致性;(b) 考虑光照一致性

光照一致性包含的技术问题很多,完全的解决方案需要场景精确的几何模型和光照模型以及场景中物体的光学属性描述,这样才可能通过使用三维物体绘制和图像合成技术绘制出真实场景对虚拟物体的光照交互。真实感绘制技术的目标是将真实场景和计算机生成的虚拟物体无缝合成,最终使观察者察觉不到真实物体和虚拟物体的区别。

4. 遮挡一致性

遮挡一致性问题主要解决虚拟物体和真实场景的正确遮挡关系。比如,用真实的手握住一个虚拟的杯子,此时拇指可能在虚拟杯子的前面,遮挡部分虚拟杯子的图形,而虚拟杯子则可能会遮挡其他手指。通常需要通过计算机视觉方法,实时提取出真实场景的景物深度,然后根据深度来决定虚拟图形绘制的先后遮挡关系[4]。

1.3 VR/AR 系统与组成

VR/AR 系统可简单地分为 3 部分：输入部分、计算部分和输出部分，如图 1-21 所示。

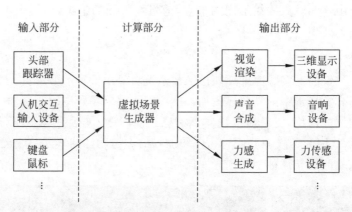

图 1-21 VR/AR 系统组成简图

输入部分：各种人机交互设备，如头部跟踪器、键盘鼠标、力传感设备等。

计算部分：该部分是虚拟场景生成器（virtual world generator），其根据输入设备，实时产生虚拟场景（主要是视觉部分，当然也包括其他通道信息）。三维几何场景的刷新速度会影响到人机体验，当前产生的帧数已经高达 240fps。

输出部分：输出视觉、听觉、触觉等，并输出到硬件设备，让人形成体验。

VR/AR 系统中计算部分是核心，即虚拟场景生成器，它根据输入的不同，实时生成视觉等多通道的输出。虚拟场景生成器就是计算机中生成显示的系统，即计算机图形子系统，其图形处理操作主要在图形处理器（graphics processing unit，GPU）中进行。

1.3.1 VR 系统

虚拟现实是利用计算机模拟产生的完全数字化的虚拟世界，为使用者提供关于视觉、听觉、触觉等感官的模拟，让其如身临其境，可以没有限制地观察三维场景。

1. VR 系统的组成

VR 虚拟沉浸基本结构如图 1-22 所示，人与 VR 系统构成了沉浸的人机交互环境，用户在该环境中执行仿真任务。VR 系统的内核是 VR 引擎以及支撑的软硬件。

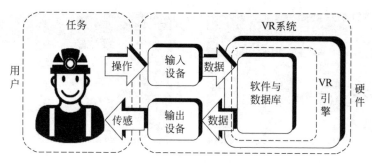

图 1-22　VR 系统组成

2. 典型的 VR 系统

1) 大型投影式 VR 系统

支持多人沉浸的大型 VR 系统造价不菲,大型沉浸 VR 系统可用于多人协同研发,进行多学科的设计协同、综合优化评估,如汽车设计、飞机设计的协同设计。图 1-23 是德国亚琛工业大学的洞穴状自动虚拟环境(cave automatic virtual environment,CAVE)系统。

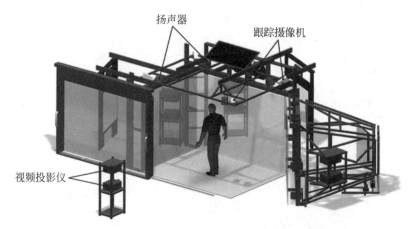

图 1-23　亚琛工业大学的大型 CAVE 虚拟现实环境

大型沉浸 VR 系统根据投影面可分为 CAVE 系统(最多包括 6 面墙,大多 4~5 面)和墙式系统(常见的由多面投影墙构成的巨幕)。图 1-24 所示分别是两折墙和单面墙投影虚拟现实系统。

2) 头盔沉浸系统

头盔式显示器(head mounted display,HMD)是一种头戴式显示设备,能够全方位覆盖体验者视角,营造出更加身临其境的沉浸效果。它可辅以 6 自由度的头部位置跟踪和全身动作捕捉设备,通过对体验者视点位置的捕捉,使头盔显示内容进行相应改变。HMD 应用于单人及多人协同体验中,可提升交互感和体验感。

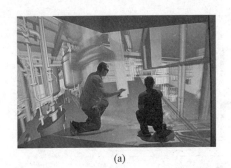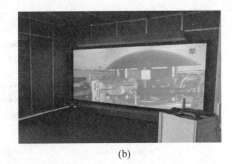

(a)　　　　　　　　　　　　　　　(b)

图 1-24　墙面投影虚拟现实系统

(a) 两折墙；(b) 单面投影墙

1.3.2　AR 系统

AR 系统与 VR 系统略有区别,在三维显示部分相差不大,但增加了视景融合部分软硬件。

1. AR 系统的组成

常见的 AR 系统通常由两大部分组成,如图 1-25 所示,分别为三维场景、跟踪系统。其中,跟踪系统将场景中的虚拟对象注册到相机捕捉到的实际场景中,合并后从一个图像输出。

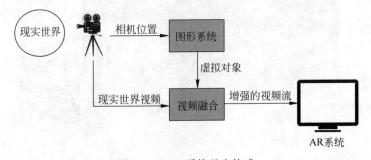

图 1-25　AR 系统基本构成

2. 典型的 AR 系统

1) 头盔式 AR 系统

头盔式 AR 系统是一种头戴设备,可以在用户的视野中叠加虚拟信息。根据实现原理,头盔式 AR 系统可以分为光学式和视频合成式两大类。

(1) 光学式 AR 系统,如图 1-26 所示。光学式 AR 系统使用半透明镜片或波导光学技术将虚拟图像叠加到用户的现实视野中。这类系统通常具有较高的透明度和视野宽度,可以在保持对现实世界的清晰视觉的同时显示虚拟内容。以下是一些光学式 AR 系统的特点。①半透明镜片:使用半透明材料制作的镜片,可以将显示器产生的虚拟图像投射到用户的视野之中。②波导光学:通过在特殊材料中引导光线的传播,将虚拟图像导入用户的视野。③现实感知:通常配备深度传感器、摄像头和其他传感器,用于获取现实世界的信息,以便更准确地将虚拟内容融入现实环境。④示例设备:苹果 VisionPro、微软 HoloLens、Magic Leap One 和 Meta 2 等。

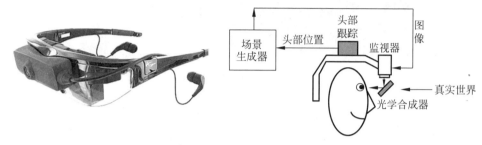

图 1-26　光学式 AR 系统

　　(2) 视频合成式 AR 系统,如图 1-27 所示。视频合成式 AR 系统通过摄像头捕捉现实世界的画面,然后将虚拟内容与现实画面融合,最后将合成后的画面显示给用户。这类系统的实时性可能较低,因为它们需要处理大量的视频数据。以下是一些视频合成式 AR 系统的特点。①视频捕捉:通过摄像头捕捉现实世界的画面。②图像处理:对捕捉到的画面进行实时处理,以便将虚拟内容与现实画面融合。③显示屏:将合成后的画面显示给用户,通常使用液晶显示器(LCD)或有机发光二极管(OLED)显示技术。④现实感知:可以通过深度传感器、GPS 和其他传感器获取现实世界的信息,以便更准确地将虚拟内容融入现实环境。⑤示例设备:Google Glass、Vuzix Blade 和 Daqri Smart Helmet 等。

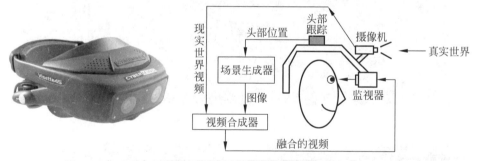

图 1-27　视频合成式 AR 系统

　　这两种类型的 AR 系统各有优缺点。光学式 AR 系统通常具有更高的透明度和更宽的视野,适用于那些需要与现实世界紧密结合的应用场景。而视频合成式 AR 系统可能在实时性方面稍逊一筹,但在某些应用场景下,它们可以实现对现实世界的更高程度的控制和虚拟内容的更精细呈现。

　　2) 移动平板式 AR 系统

　　移动平板式 AR 系统,如图 1-28 所示。

图 1-28　移动平板式 AR 系统

3) 投影式 AR 系统

投影式 AR 系统,如图 1-29 所示。投影式 AR 系统将计算机产生的三维图形利用投影仪直接投影并叠加到真实场景中,从而使操作人员看到一个虚实融合的场景。投影式 AR 系统在工业生产领域具有广泛的应用前景,可通过特征提取、物体识别将信息提供给现场工人,辅助生产,如图 1-30 所示。

图 1-29　投影式 AR 系统

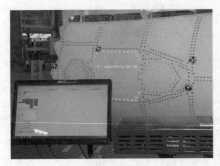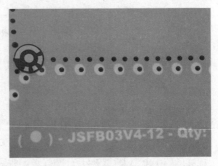

图 1-30　洛克希德·马丁公司在飞机装配中使用投影式 AR 来添加装配引导的信息

1.4 面向制造的 VR/AR 典型应用

VR/AR 技术正在成为制造业的重要工具,可以应用于多个环节,如设计、生产、培训和售后服务等。在制造业中的典型应用场景主要有:

(1)设计和模拟阶段。使用 VR/AR 技术可以帮助制造商在设计阶段进行虚拟模拟,检查产品的可行性、外观和功能。此外,还可以在产品开发阶段进行团队协作和交互式会议。

(2)制造和装配阶段。VR/AR 可以帮助制造员工在实际制造过程中获得更好的生产指导和培训。例如,通过 AR 技术,在操作设备时将指令直接投射到现实世界中,从而提高精度和效率。

(3)协同展示和营销。VR 技术可以用于展示产品的外观和特点。消费者可以使用 VR 眼镜直接预览产品,甚至可以与其进行交互,了解其各方面的细节,提高购买决策的信心。

(4)售后服务和维修。VR/AR 技术可以用于培训技术支持和服务人员。例如,将虚拟机器投射到维修人员的视野中,从而快速识别问题并提供解决方案。

VR/AR
的制造
业应用

VR/AR 技术可以提高制造业的效率、减少生产成本和改善产品质量。随着技术的不断发展和成本的降低,预计 VR/AR 在制造业中的应用将会更加广泛。

目前 VR/AR 已经应用在制造全生命周期中。扫描右侧二维码可了解 VR/AR 在制造业中不同阶段的应用示例。

习题

1. 深度暗示分为单眼深度暗示和双眼深度暗示,请详细描述。
2. 虚实融合的概念是什么? AR 的虚实融合有哪些难点?
3. VR 系统由什么组成?
4. AR 系统由什么组成?

参考文献

[1] ZHOU J,ZHOU Y,WANG B,et al. Human-cyber-physical systems (HCPSs) in the context of new-generation intelligent manufacturing[J]. Engineering,2019,5(4):624-636.

[2] MILGRAM P,TAKEMURA H,UTSUMI A,et al. Augmented reality:A class of displays on the reality-virtuality continuum[C]//Telemanipulator and telepresence technologies. Spie,1995,2351:282-292.

[3] ZHENG J M,CHAN K W,GIBSON I. Virtual reality[J]. Ieee Potentials,1998,17(2):20-23.

［4］　VALLINO J R. Interactive augmented reality［M］. University of Rochester,1998.

［5］　XIONG J, HSIANG E L, HE Z, et al. Augmented reality and virtual reality displays: emerging technologies and future perspectives［J］. Light: Science & Applications,2021, 10(1): 216.

［6］　GABBARD J,SWAN Ⅱ J E,HIX D,et al. Usability engineering: domain analysis activities for augmented-reality systems［C］//Stereoscopic displays and virtual reality systems Ⅸ. SPIE,2002,4660: 445-457.

第2章

三维几何表达与处理

VR/AR 中虚拟场景是由多种不同尺度的三维数字模型(如车间、流水线、设备、产品等)构成的,处理这些三维模型是 VR/AR 系统的基础。如图 2-1 所示,根据行业需求的不同,三维模型由实体建模、多边形建模、曲面建模、逆向建模等方式创建而成。在 VR/AR 系统中,一般并不需要直接进行三维建模,而是使用商用软件建成的模型。出于各种原因,VR/AR 系统更多采用三维网格(mesh 或 polygon)模型,其基本单元是三角形。三维网格是一系列三角形的集合,满足 VR/AR 系统的实时性,可直接用图形显卡进行快速处理。本章主要介绍基于三角形网格的三维模型表达和数据结构,以及常用的模型处理和优化算法。

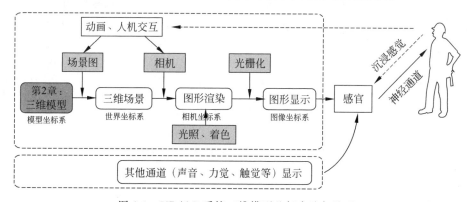

图 2-1　VR/AR 系统三维模型几何表达与处理

2.1　三维模型数据及处理

2.1.1　概述

工业产品常利用专业三维工业软件系统来建模,比如达索的 CATIA、西门子的 NX、PTC 的 Creo,国产的中望、广联达等,车间等大尺寸场景则利用 3DMax、Sketchup、Blender 等来建模。

1. 简单几何建模

基于
Babylon.
js进行三
维建模

VR/AR 系统中建模一般使用两种方式,即简单几何建模和复杂几何建模。简单几何体就是一些基本几何体素,比如点、线、球体、圆柱体等,目前很多图形引擎都提供相关功能,在 VR/AR 系统中可实时创建。本节介绍基于 WebGL 的 Babylon.js 的简单几何建模方法。扫描二维码扩展阅读,可下载随书代码,进行建模体验。

2. 实体建模与模型的离散化

制造系统的仿真往往涉及许多复杂的几何对象,比如机床、机器人、生产线等,这些复杂几何体无法由简单的几何对象构成,需要利用本节介绍的实体建模方法来建模。

1) 常用实体建模方法

工业建模软件系统采用实体建模(solid modeling)的方式来建模,而实体建模方法的核心是边界表示(boundary representation,B-Rep)和体素构造表示(constructive solid geometry,CSG)。B-Rep 为许多曲面(如面片、三角形、样条)粘合起来形成封闭的空间区域,如图 2-2(a)所示。而 CSG 建模法是将一个物体表示为一系列简单的基本物体(如立方体、圆柱体、圆锥体等)的布尔操作的结果,数据结构为树状结构,叶子为基本体素或变换矩阵,节点为运算,最上面的节点对应着被建模的物体,如图 2-2(b)所示。

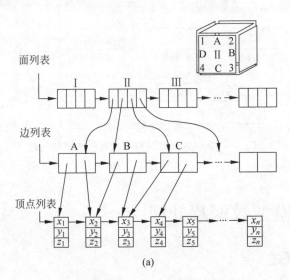

图 2-2　边界表示(B-Rep)与构造表示(CSG)

(a) 边界表示;(b) 构造表示

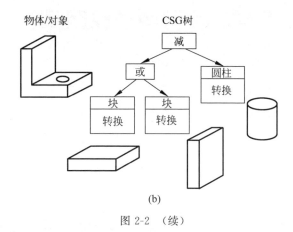

物体/对象   CSG树

(b)

图 2-2 （续）

这两类是实体建模的最主要方法,各有优缺点,如表 2-1 所示。

表 2-1 实体建模方法对比

类 别	优 点	局 限
B-Rep	1. 包含面、边、点及其相互关系信息。 2. 有利于生成和绘制线框图、投影图,计算几何特性容易,同二维绘图软件衔接简单。目前最成熟,无二义性	1. 数据结构复杂,需要大量的存储空间,维护数据结构的程序复杂。 2. 不一定对应一个有效形体,通常运用欧拉操作来保证形体的有效性和正则性
CSG	1. 方法简洁,生成速度快,处理方便,无冗余信息,且能够详细地记录构成实体的原始特征参数。 2. 数据结构比较简单,数据量较小,修改比较容易,可以方便地转换成B-Rep	信息简洁,数据结构无法存储物体最终的详细信息,如边界、顶点的信息等。CSG 表示受体素的种类和对体素操作的种类的限制,使得它表示形体的覆盖域有较大局限性,对形体的局部操作(如倒角等)不易实现,显示需要的间较长

目前三维建模软件大多融合了 B-Rep 和 CSG 两种方法。

2) 实体模型的离散化

由于 VR/AR 系统中经常采用多边形网格模型,因此对于基于实体建模的三维工业软件,需要将模型转换为多边形网格模型,即把连续的三维实体模型转换为离散化的三维表面模型,也经常称为三角化、多边形网格化,如图 2-3 所示。

三维模型网格离散的基本思想是定义一个网格离散的精度(在图 2-4(a)的示例中,可理解为弦高),采用一定的细分规则(一般是加权平均),在给定的初始网格中插入新的顶点,不断细化出新的网格,重复运用细分规则,直到达到精度,该网格即收敛于一个曲线或者曲面。在实际应用中如果生成高精度的模型,则需要上百

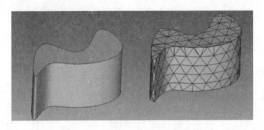

图 2-3　实体模型三角化[1]

万个三角形来逼近。因此,要根据应用需要来控制模型离散的精度,如图 2-4(b)
所示。

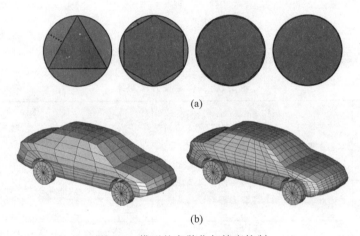

(a)

(b)

图 2-4　模型的离散化与精度控制

2.1.2　三维多边形网格

1. 定义

三维多边形网格模型,以下简称“网格”。我们给网格下一个简单定义:由顶
点 V(vertex)、边 E(edge)、面 F(face)构成的多边形集合 M,用以表示三维模型表
面轮廓的拓扑和空间结构。网格的英文为“polygon mesh”或“mesh”。即

$$M = \langle V, E, F \rangle \tag{2-1}$$

用多边形网格数据结构可以表示顶点、边、面、多边形和表面,如图 2-5 所示。
在许多应用程序中仅存储顶点、边以及面或多边形。但有许多渲染器还支持四边
形和更多的多边形。顶点、边、面常称为多边形网格的三要素。

(1)顶点:一个位置坐标(通常在 3D 空间中)以及其他信息,例如颜色、法线
向量和纹理坐标。

(2)边:两个顶点之间的连接。

(3)面:一组封闭的边,其中一个三角形面具有 3 个边,而一个四面体具有 4

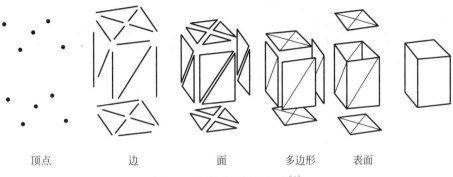

顶点　　　　　　边　　　　　　面　　　　多边形　　　表面

图 2-5　多边形网格的组成[2]

个边。多边形是一个共面设置的面。在支持多面的系统中,多边形和面是等效的。但是,大多数渲染硬件仅支持 3 或 4 面,因此多边形表示为多个面。

除了多边形网格的三要素之外,为了方便处理,还可对这些进行组合。包括:

(1) 表面:一组有语义的表面,所有表面法线的指向必须水平地远离中心。

(2) 组:将若干网格构成组,对于确定骨骼动画的单独子对象等可以整体操作。

VR/AR 系统如果要对三维模型进行显示,以及对三维模型进行各种操作(变形、着色等),单纯的点和面的数据还不够,还需要建立顶点和面之间的关联(经常被称为拓扑结构)。

2. 常用数据结构

1) 基于面的数据结构

面集合模型中,基于面(face-based)的数据结构最为普遍。模型的表面为离散化的一系列三角形集合,分别存储在集合 Triangles 中。对该集合进行范式分解,分为两个集合 Vertices 和 Triangles,Triangles 集合中存储了 3 个顶点索引号,通过该顶点索引号,可以方便地获取存储在 Vertices 中的所有顶点值。一个六面体使用面-顶点数据结构,如图 2-6 所示。

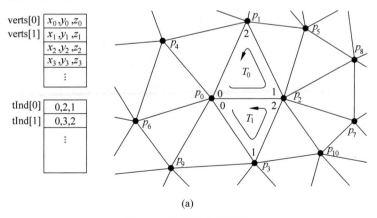

(a)

图 2-6　面-顶点数据结构

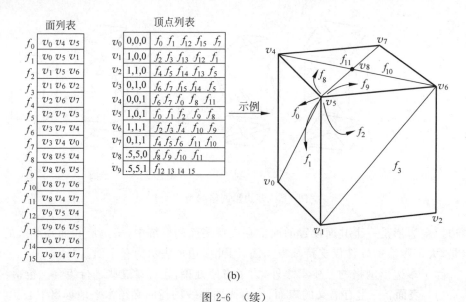

(b)

图 2-6 （续）

目前主流的中间格式数据,如 OBJ、OFF、STL 等多边形网格模型,都采用该数据结构。

2) 翼边数据结构

翼边(winged-edge)数据结构是计算机图形学中描述多边形网格的一种常用的数据边界表示,较边-面数据结构,它明确地描述了 3 个或者更多表面相交时的表面、边线、顶点的几何以及拓扑特性。图 2-7 中,边 edge 是主体,不仅定义了边的

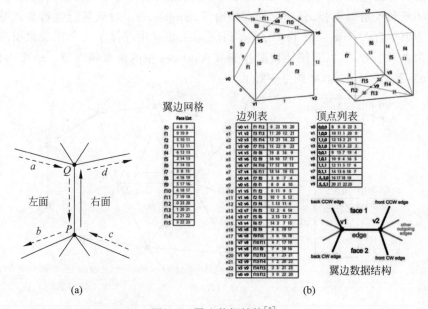

图 2-7 翼边数据结构[3]

起点(P)和终点(Q),还描述了所连接的 4 条边(a,b,c,d),形态如翅翼,故称之为"翼边",如图 2-7(a)所示。一个六面体的表面模型可以用 3 个列表——顶点列表、边列表和面列表来描述翼边数据结构,如图 2-7(b)所示。

3)半边数据结构

翼边数据结构有非常好的溯源性,但是耗费的内存不容小视,尤其对于制造系统的大规模场景,随几何数据的增长,其内存耗费增长是非常惊人的。半边结构(Halfedge)是一个有向图,把一条边表达为两个有向半边。图 2-8 所示为用 3 个类来描述半边结构:Vertex、Edge 和 Halfedge。

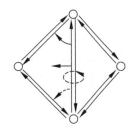

Vertex	
Point	Position
HalfedgeRef	halfedge

Face	
HalfedgeRef	halfedge

Halfedge	
VertexRef	vertex
FaceRef	face
HalfedgeRef	next
HalfedgeRef	prev
HalfedgeRef	opposite

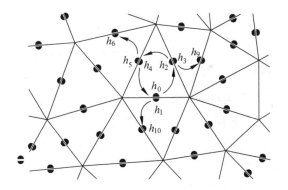

	pair	next
hedge[0]	1	2
hedge[1]	0	10
hedge[2]	3	4
hedge[3]	2	9
hedge[4]	5	0
hedge[5]	4	6
	⋮	

图 2-8　半边数据结构[3]

半边数据结构所有操作都可以在常数时间完成 $O(n)$,更优秀的是,即使包含了面、顶点和边的邻接信息,数据结构的大小也是固定(没有使用动态数组)且紧凑的[4]。

4)其他数据结构

三角形带(triangle strip)是一系列连接的三角形,在三角形网格中共享顶点,从而更有效地使用计算机图形内存。它们比不带索引的三角列表更有效,但通常比带索引的三角列表快或慢。使用三角形带的主要原因是它可以减少创建一系列三角形所需的数据量。也就是说,存储在内存中的顶点数量从 $3N$ 减少到 $N+2$,其中 N 是要绘制的三角形数。因此,对于访问大型模型,三角带可以快速渲染

算法进行优化,并针对图形硬件进行优化(如 OpenGL 中提供了专门的方法:
GL2. GL_TRIANGLE_STRIP)。

由图 2-9 可以看到,如果不使用三角带,就必须存储为多个单独的三角形,如
$p_0 p_2 p_1$;而使用三角带后可以将它们简单地存储为一系列顶点,该序列可被解码
为具有 $p_0 p_2 p_1$ 顶点的一组三角形。

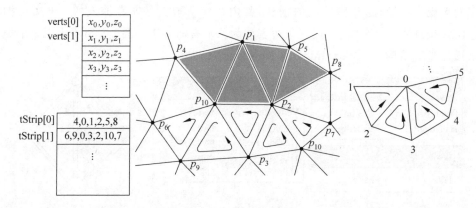

图 2-9　三角带数据结构

类似的三角扇描述的是一组连接的三角形,它们共享一个中心顶点(与三角形
条带不同,它将下一个顶点与最后两个使用的顶点连接起来,形成一个三角形),存
储的结构和三角带类似。

3. 三角形网格处理技术

针对三角形网格的处理和计算,涉及很多数学知识和图形知识,本书的重点关
注 VR/AR 系统需要的常用图形学显示、简化和网格规则化等最基本的计算方法,
更多内容可参考专业书籍[5]。

1) 法向量计算

由空间解析几何理论可知,垂直于平面的直线所表示的向量为该平面的法向
量(normal vector)。由于空间内有无数个直线垂直于已知平面,因此一个平面存
在无数个法向量(包括两个单位法向量)。它可以定义为在某一点上与曲面相切的
任意两个非平行向量的交乘。法向量经常用于计算三维几何表面的纹理、光照等
属性。对于三角形网格的一个面,其法向量是确定的,可以根据 3 个顶点进行
计算。

如图 2-10 所示,3 个点的坐标为 $p_1 = (1,0,0)$、$p_2 = (1,1,0)$、$p_3 = (1,0,1)$,
可计算边 $p_1 p_2$,$p_3 p_1$ 的矢量 $\boldsymbol{v}$、$\boldsymbol{w}$,由 $\boldsymbol{v}$、$\boldsymbol{w}$ 容易计算三角形 $p_1 p_2 p_3$ 面矢量,朝向
为右手法则,和 x 方向一致,指向面的外侧,即有下式:

$$\begin{cases} \boldsymbol{v} = p_2 - p_1 = \begin{pmatrix} 0 \\ 1 \\ 0 \end{pmatrix}, \quad \boldsymbol{w} = p_3 - p_1 = \begin{pmatrix} 0 \\ 0 \\ 1 \end{pmatrix} \\[6pt] \boldsymbol{v} \times \boldsymbol{w} = \begin{pmatrix} v_2 w_3 - v_3 w_2 \\ v_3 w_1 - v_1 w_3 \\ v_1 w_2 - v_2 w_1 \end{pmatrix} = \begin{pmatrix} 1-0 \\ 0-0 \\ 0-0 \end{pmatrix} = \begin{pmatrix} 1 \\ 0 \\ 0 \end{pmatrix} \end{cases} \tag{2-2}$$

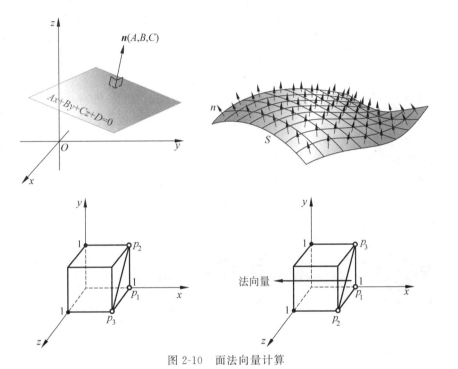

图 2-10　面法向量计算

　　显然,如果点构成的顺序不一样,法向也不一样,如图 2-11(a)所示。法向不一样在光照等渲染时有很大影响,在本书后面会提及。点法向量的计算不唯一,最简单的方法是将围绕该点的所有面的法向值求平均,如图 2-11(b)所示。三角形边或者面上的任意点是通过插值方式进行法向量计算的。

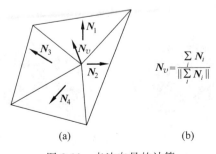

$$N_v = \dfrac{\sum\limits_i N_i}{\left\| \sum\limits_i N_i \right\|}$$

(a)　　　　　　　　　(b)

图 2-11　点法向量的计算

2）网格细分

网格细分也称为上采样，是通过按一定规则给网格增加顶点和面片的数量，让网格模型变得更加光滑，如图 2-12 所示。

图 2-12　网格细分过程

网格细分的方法有很多，其中最经典的是 Catmull-Clark 细分法，其主要思想是：每个面计算生成一个新的顶点，每条边计算生成一个新的顶点，同时每个原始顶点更新位置。

3）网格简化

网格简化也称为下采样。网格简化不能够随意进行，往往需要保持形状完整性和拓扑结构。如图 2-13 所示，即使倒数第二个三角形网格只有 248 个，也基本还能辨别这是一头牛。

图 2-13　网格简化示意图

网格简化有很多方法，包括顶点移除、边删除、重采样、网格近似等，其中最简单的是顶点移除和边删除，如图 2-14 所示。

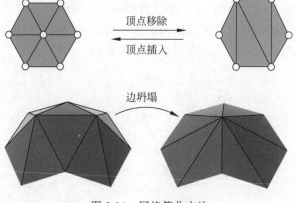

图 2-14　网格简化方法

如何移除、选择顶点和边有许多计算规则,比如二次误差度量等,此处不再作详细说明,感兴趣的读者可以参考其他书籍。

4) 规则化

网格的规则化,对于 VR/AR 应用有很大影响。高质量的多边形网格,无论对于模型现实、逼真度,还是提升模型的操控能力都非常重要,如图 2-15 所示。衡量三角形网格质量主要有 3 个标准:偏度(skewness)、倾斜度、平滑度(尺寸变化)。

图 2-15　网格规则化

5) 包围盒计算

三维网格模型可以使用一个最小矩形边界框(也称为包围盒)围住,将复杂物体封装在简单的包围体中,以提高几何运算的效率。这种方法经常用在 VR/AR 系统中的碰撞检测、视图操作等。包围盒算法有多种:球包围盒、AABB、OBB、K-DOP 和凸包围等。VR/AR 中最常见的是矩形包围盒,其碰撞测试速度快。矩形包围盒也分为 AABB(轴对齐矩形包围盒)和 OBB(方向矩形包围盒)两种。其中,AABB 包围盒内的点满足以下条件(见图 2-16):

$$x_{\min} \leqslant x \leqslant x_{\max}, \ y_{\min} \leqslant y \leqslant y_{\max}, \ z_{\min} \leqslant z \leqslant z_{\max}$$

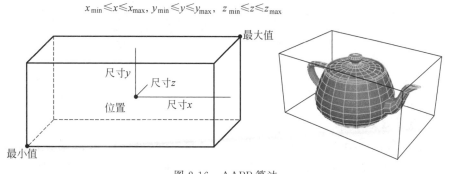

图 2-16　AABB 算法

6) 布告牌

VR/AR 系统中经常使用一种简单的多边形(一般为矩形,包括两个三角形),其随场景旋转而旋转,始终面对用户,称为布告牌(billboard),如图 2-17 所示。通常采用两个相互正交的矩形多边形,并在其上贴一个带有透明通道的纹理图片。

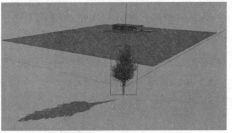

图 2-17　布告牌

2.1.3　三维点云

VR/AR 系统中还有一类特殊的模型——三维点云(3D point cloud),顾名思义就是模型由大量的点构成。点云在虚拟场景生成、AR 注册跟踪等应用中被广泛使用。

1. 点云数据获取

VR/AR 应用场景除了使用 CAD 模型之外,在制造领域三维测量数据应用非常普遍,如生产线上的三维检测、深度相机检测结果等,如图 2-18 所示。

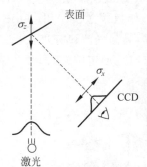

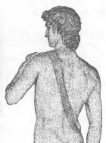

图 2-18　三维点云数据获取

2. 点云数据结构

点云的数据结构非常简单,就是一系列空间三维位置(x,y,z)的集合。很显然,点云没有面,也没有拓扑,完全离散化。这些离散的点处理起来非常复杂,且在三维空间稀疏分布,但是对其建立空间索引有着广泛的应用。常见的空间索引一般是自顶而下逐级划分空间的各种空间索引结构,比较有代表性的是 KD 树、八叉树(octree)等,其中八叉树索引结构使用比较广泛。

八叉树是一种用于描述三维空间的树状数据结构,有一个根节点,八叉树的每个节点表示一个正方体的体积元素。根节点下的每个节点可以有 8 个子节点,这 8 个子节点所表示的体积元素加在一起就等于其父节点的体积没有子节点的节点称为叶节点。一般中心点作为节点的分叉中心,如图 2-19 所示。

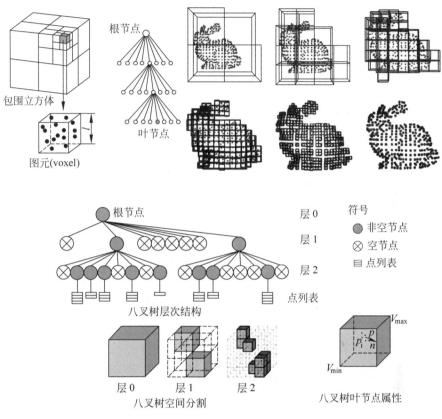

图 2-19   三维 bluny 点云的八叉树存储模型[3-4]

3. 点云处理技术

对点云的处理有很多方法,本节简单介绍和 VR/AR 系统密切相关的点云处理技术。如果想了解更多内容,读者可自行参阅其他文献,代码实现可参考 PCL[6]、CGAL 软件包。本节利用 MeshLab 开源软件介绍点云的基本使用方法和设置。

1) 点云数据集分析

点云数据集分析主要包括包围盒、中心计算等,可以使用前文介绍的 AABB 包围盒进行分析。

2) 滤波处理

对点云进行滤波处理主要包括:①去噪(denoise),即去除高频噪声;②点云数据密度不均匀,需要光滑;③因为遮挡等问题造成的离群点(outliers)需要去除;④大量数据需要进行下采样等。目前常用的滤波方法有直通滤波、体素格滤波、统计滤波、半径滤波、双边滤波、高斯滤波、立方体滤波、封闭曲面滤波、空间剪裁、卷积滤波和随机采样一致滤波等。

3）法向估计和计算

对于一个已知的几何体表面，可根据垂直于点表面的矢量，计算表面某一点的法线方向。然而，所获取的点云数据是真实物体的表面离散采样，不包括面矢量，因此，计算点云中某个点的法向，需要特殊处理。

4）网格重构

网格重构是指将点云重构为三维多边形网格，主要算法有移动立方体（marching cubes，MC）算法、泊松（Poisson）面重构算法和 Powercrust 算法。其中，移动立方体算法在第 6 章将详细介绍，泊松面重构算法的精度比移动立方体算法好一点，Powercrust 算法精度最高[7]。开源软件 MeshLab 集成了这些方法，可以进行三维多边形网格重构。

5）光滑

对比较小的物体或者曲率比较大的物体进行扫描，会产生不规则点云数据，使重建的曲面不光滑或者有漏洞，而且这种不规则数据很难用前面提到过的滤波方法消除。对点云进行光滑处理的方法也有很多，常用的方法有移动最小二乘法（moving least squares，MLS）、拉普拉斯平滑等，本书在 AR 的跟踪注册部分将介绍点云的配准处理方法。

常用几何
数据文件
格式与解
析

2.2　常用的三维网格模型文件

三维网格模型大多是商业建模软件导出的中性模型，由大量的三角形等基本几何单元拼接而成，在计算机图形学、工程设计和数字制造等领域中得到广泛应用。常见的三维网格模型包括以下几种：

（1）STL。STL（stereo lithography）是一种三维打印技术使用的文件格式，也是最早出现的三维网格模型格式之一。它以三角形为基本几何单元来描述物体表面，并将其存储为二进制或 ASCII 格式的文件。

（2）OBJ。OBJ（wavefront object）是一种流行的三维网格模型格式，可以存储物体的几何形状、纹理和材质信息等。它通常包含两个文件，一个包含顶点数据和拓扑结构信息，另一个包含纹理和材质参数。

（3）PLY。PLY（polygon file format）是一种高级三维网格模型格式，可以存储物体的几何形状、纹理、颜色和法线等信息。它支持多种数据类型和数据结构，并且可以通过增加元素属性来扩展其功能。

（4）3DS。3DS 是 AutoDesk 公司开发的三维网格模型格式，广泛应用于建筑、游戏和动画制作等领域。它将物体表面表示为多边形网格，并支持材质和纹理的存储。

这些三维网格模型格式各有特点,例如 STL 简单易用,但不能存储纹理和材质信息;OBJ 支持广泛的应用场景,但文件格式比较复杂。在实际应用中,需要根据具体需求选择适合的三维网格模型格式。

习题

1. 分别使用翼边数据结构、半边数据结构表述四面体。

2. 对一个四面体利用网格细分 Catmull-Clark 算法进行两次细分,并给出过程。

3. 根据扩展阅读内容,利用 Assimp 软件包读取 obj 格式,使用 three.js 可视化出来。

4. 实践内容。

(1) 使用 three.js 对网格进行细分和简化,如图 2-20 所示。

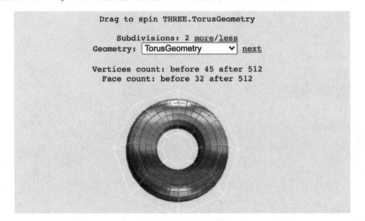

实践内容
网址

图 2-20 使用 three.js 对网格进行细分和简化

(2) 使用 MeshLab 对点云进行三维重构(数据集参见前言中提及的随书代码网址)。

参考文献

[1] C3DLABS. Polygonal Mesh to B-Rep Solid Conversion: Algorithm Details and C++ Code Samples [EB/OL]. 2019-9-4(2023-1-5). https://habr.com/en/post/465237/.

[2] WIKIPEDIA. Polygon mesh[EB/OL]. 2020-7-14(2023-1-5). https://en.wikipedia.org/wiki/Polygon_mesh.

[3] CSUSB. Faculty & Staff[EB/OL]. 2011-1-15(2023-1-5). https://www.csusb.edu/cse/faculty-staff.

[4] IMMIAO. PolyTool[EB/OL]. 2017-5-12(2023-1-5). https://github.com/immiao/PolyTool.

［5］ BOTSCH M，Kobbelt L，Pauly M，et al. Polygon mesh processing［M］. CRC press，2010.

［6］ POINT C L. Point Cloud Library［EB/OL］. 2020-4-16（2023-1-5）. https：//pointclouds. org/.

［7］ KAMMERL J，BLODOW N，RUSU R B，et al. Real-time compression of point cloud streams［C］//2012 IEEE international conference on robotics and automation. IEEE，2012：778-785.

第3章

三维虚拟场景

第 2 章介绍了 VR/AR 场景中的各种三维对象的建模方法,本章介绍如何组织和管理这些三维对象,形成三维场景,以及场景中的其他对象,比如变换、灯光、相机等。图 3-1 中的深色图框为三维场景的位置。

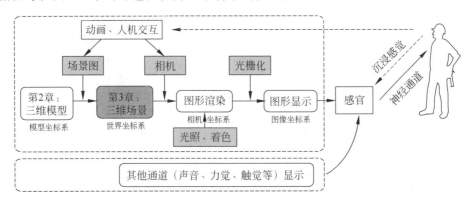

图 3-1　VR/AR 系统流程之三维虚拟场景

3.1　坐标系与坐标变换

3.1.1　坐标系统

VR/AR 系统中有世界坐标系(world coordinate system,WCS)和用户坐标系(user coordinate system,UCS),通常情况下,世界坐标系和用户坐标系是重合在一起的。三维点具有 3 个坐标值(x,y,z),但如果没有坐标系的限定,这些值是没有意义的。给定三维任意点或方向,其坐标值取决于其与坐标系的关系。图 3-2显示了一个二维空间点 p 和三维对象的 6 个自由度(x,y,z,h,p,r)的情况。

通常坐标轴的排列方式有两种。给定相互垂直的 x、y 坐标轴,可以确定与之垂直的 z 轴,z 轴可以指向两个方向之一,这就是左手坐标系和右手坐标系(如图 3-3 所示,为了作图方便将 x 轴放到右边,y 轴放到上边,那么 z 轴的朝向为正前方时即右手坐标系,z 轴的朝向为正后方时为左手坐标系)。两者之间的选择是

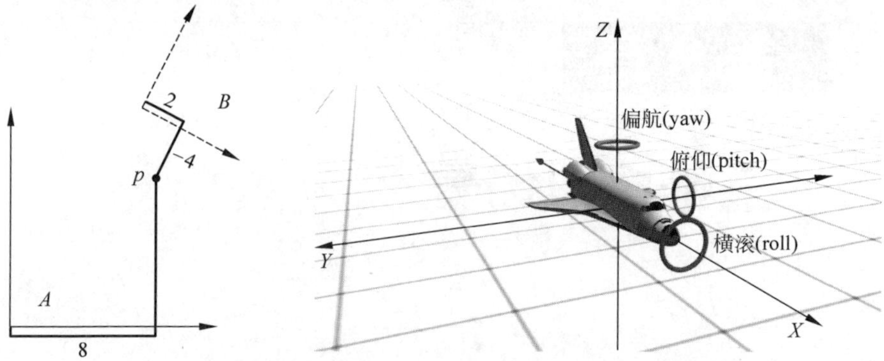

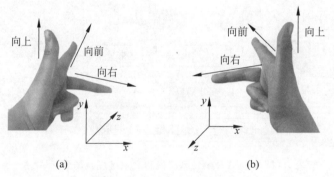

图 3-2 点 p 的坐标由点与特定二维坐标系之间的关系定义

p 点相对于坐标系 A 的坐标是 $(8,8)$,相对于坐标系 B 的坐标是 $(2,-4)$

任意的,但是一旦选择了一个坐标系,对于如何实现几何运算,又具有许多不同含义。

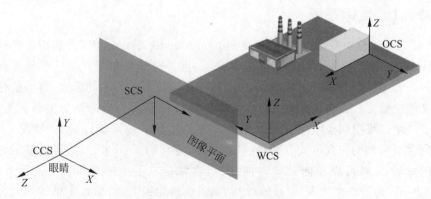

图 3-3 左手坐标系与右手坐标系

(a)左手坐标系;(b)右手坐标系

在虚拟场景中根据描述对象的关系、操作的方便性常用以下几种坐标系,如图 3-4 所示。

图 3-4 各种坐标系示意图

（1）世界坐标系（WCS）：用来描述摄像机和物体的位置，客观三维世界的绝对坐标系，也称为客观坐标系。该坐标系下物体 P 的坐标表示为 (X_W,Y_W,Z_W)。

（2）相机坐标系（camera coordinate system，CCS）：以相机光点为中心，X、Y 轴平行于图像的两条边，光轴为 Z 轴所建立的坐标系。用 (X_C,Y_C,Z_C) 表示物体 P 在相机坐标系下的位置。

（3）图像坐标系（SCS）：以图像中心为坐标原点，X、Y 轴平行于图像两边的坐标系。可以用 (x,y) 表示物体 P 的坐标值。图像坐标系是屏幕模式下的坐标系，总是相对于视点的。

（4）对象坐标系（object coordinate system，OCS）：描述物体或点所在位置时，我们往往会使用世界坐标系。然而对物体进行交互操作时，使用世界坐标系非常不方便，而常使用对象坐标系。对象坐标系是局部坐标系，只需要关注此刚体的坐标系在世界坐标系中的变化即可，场景中每个对象相对独立，如图 3-5 所示。

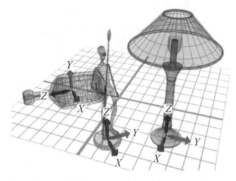

图 3-5　场景中有 3 个对象，每个对象都有自己的对象坐标系

另外，在某些图形系统中，还有父坐标系——使用所选对象的父对象的坐标系。在本章后续将介绍场景图的父子节点。在研发 VR/AR 应用时，往往需要操纵三维模型、相机或者光源等，就需要获得这些对象所在的各种坐标系。

3.1.2　坐标变换

几何变换的图形学基础

计算机图形学中的坐标变换是指对二维或三维空间中的点、线、面等几何对象进行位置、方向和大小等方面上的变换处理。坐标变换是计算机图形学的基础，它可以用于实现物体的旋转、平移、缩放、镜像等操作，从而实现对物体的自由变形和变换。在计算机图形学中，每个物体都有一个本地坐标系（局部坐标系）和一个世界坐标系，坐标变换就是将物体从本地坐标系变换到世界坐标系（或反之）。常见的坐标变换包括以下几种。

（1）平移变换：通过修改物体的 x、y 或 z 坐标来改变其位置。

（2）旋转变换：通过绕 x、y 或 z 轴旋转角度来改变其朝向。

（3）缩放变换：通过修改物体的 x、y 或 z 轴的比例系数来改变其大小。

（4）镜像变换：通过将物体沿 x、y 或 z 轴翻转来改变其对称性。

（5）投影变换：将三维物体投影到二维平面上，以便于显示和渲染。

坐标变换可以使用矩阵运算来实现，通过对坐标变换矩阵进行相乘可以快速实现多个变换操作的复合。在计算机图形学中，常用的矩阵有模型视图矩阵、投影矩阵和视口矩阵等。

3.2　三维场景图

3.2.1　一个简单三维场景

图 3-6 描述了一个三维场景，可下载前言中提及的随书代码，运行查看效果。

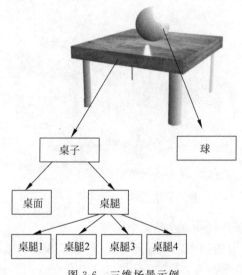

图 3-6　三维场景示例

3.2.2　场景图数据结构

场景图（scene graph）是一种数据结构，定义了场景里各个对象的逻辑和空间的组织关系。场景图是一组节点的集合，采用图（graph）或者树作为数据结构，更常用的是一个有向无环图（directed acyclic graph，DAG）。对场景图的简单定义如下：

（1）有且只有一个根节点。

（2）任何一个节点可以含有多个子节点，但是通常只有一个父节点，对父节点的操作将影响到它的全部子节点。

（3）叶节点没有子节点。

场景图经常表现为树形结构。图 3-6 所示场景可以用一个树形结构来描述，其中球、桌面、桌腿 1～桌腿 4 都是叶节点，这些节点没有子节点，Scene 为根节点，如图 3-7(a) 所示。由于图 3-7 中的 4 个桌腿都一样，在场景建模中为了节约存储空间和效率，都指向一个几何节点(圆柱体)，这时候的场景就是一个有向无环图结构，如图 3-7(b) 所示。

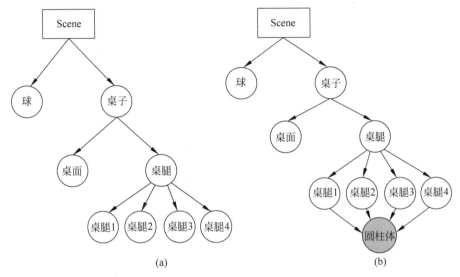

图 3-7　场景图的两类数据结构

(a) 树结构场景图；(b) 图结构场景图

场景图的基本结构是树结构，那么就具备了树结构的层次特点，在场景图中的所有节点可分为两种类型。

(1) 叶节点(没有子节点)：通常是实际的可渲染对象，主要包括几何元素，如多边形网格、基本体素(球体、立方体等)。

(2) 组节点(可能有一个或多个子节点)：这些节点通常用于装配体、控制节点状态(比如颜色、几何变换、材料属性和动画等)。对组的操作是以"一组节点"为单位，并自动地影响到组内的全部节点。比如设置桌腿节点的颜色，由于桌腿节点(组节点)包括了 4 个叶节点(桌腿 1～桌腿 4)，这个操作会让包括的所有节点同时获得与桌腿一样的颜色。显然对组节点的操作非常方便，为此，在场景建模和控制中对一组节点进行操作是非常普遍的。

3.2.3　场景图的基本要素

仔细分析图 3-6 所描述的场景，可发现构成场景的很多要素并没有体现在图 3-7 的数据结构中。桌面有材质纹理，场景环境包括灯光，4 条桌腿位于指定的位置，这些都应该在场景图中描述，因此，完整的场景图如图 3-8 所示。

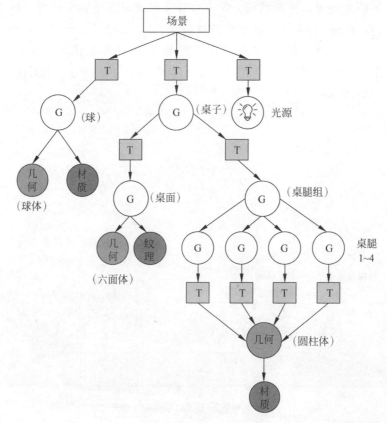

T—几何变换节点；G—组节点。

图 3-8　更多要素组成的场景图

其中,叶节点下包括了几何节点、材质和纹理节点,变成了组节点(G);场景中各物体包含了几何变换节点(T);场景中的光照则由光源节点负责。在后文中会讲到该场景图中还会包括更多节点,如相机节点、动画节点、材质纹理节点、细节程度节点等,以便对复杂的场景进行渲染和交互。

1. 几何节点

在场景图中的叶子节点大部分为几何节点,是可被渲染绘制的。几何节点主要分为两类:简单几何体和复杂几何体,其中复杂几何体是三维多边形模型,在第2章已经详细介绍过。

真实制造仿真场景中主要是复杂几何体,通常从三维模型文件中加载到场景中,这些模型文件格式已经在第2章中详细描述。在场景图的叶子节点中可以挂载多边形网格,一般来说一些多边形网格构成了一个零部件或者物体,形成一个复杂几何体,用于成组管理(如图 3-9 所示,分为多个成套设备模块)。

同时,通过实例化技术,允许多次重复使用某一成组/单一的几何模型(在图 3-9

内,模块 3 中的 4 个蒸馏装置仅建立一个几何模型,其余克隆即可)。

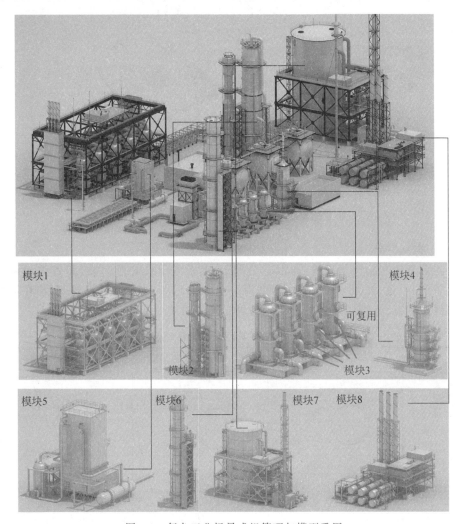

图 3-9　复杂工业场景成组管理与模型重用

2. 几何变换节点

几何变换节点 T 其实是一个矩阵,是物体所在对象坐标系与场景所在的世界坐标系的变换矩阵。换句话说,物体在场景中所处的位置是靠该矩阵计算而得出的。如果将图 3-8 场景图中的 T 节点删除,所有物体的对象坐标系和世界坐标系重合,那么所有对象将会"叠加"在一起,如图 3-10 所示。因此在场景的布局中,几何变换节点是非常重要的。

VR/AR 系统中的几何对象、纹理、光照和相机参数等都可以用向量方式表达。对于几何变换,主要可以分为旋转、平移、缩放 3 种类型。

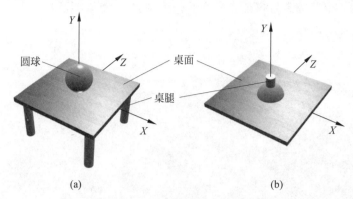

图 3-10　几何变换节点对场景的影响

(a) 含几何变换节点的场景；(b) 不含几何变换节点的场景

3. 光源节点

光源节点包括类型设置(通常有平行光、点光源和投射光 3 类)和各类光源属性设置(如位置、光源方向、强度、颜色等),见表 3-1。对光源的详细介绍,将在后续章节详细展开,光源对场景的真实感渲染是至关重要的。

表 3-1　典型光源设置

类　别	平　行　光	点　光　源	投　射　光
可设置属性			
开/关	√	√	√
光强	√	√	√
颜色	√	√	√
位置	×	√	√
朝向	×	√	√
效果			

在 Unity 软件中,还可以对区域光源(area light)和环境光(ambient light)的更多属性进行设置,比如光线强度的衰减系数、漫反射等。

4. 相机节点

对 VR/AR 场景的观察,是通过相机节点来进行的,如图 3-11 所示。其中的设置主要包括相机的外部位姿设置（6 自由度）和相机的固有属性设置（焦距、光圈、视锥体（FOV）、图像纵横比等），如图 3-12 所示。

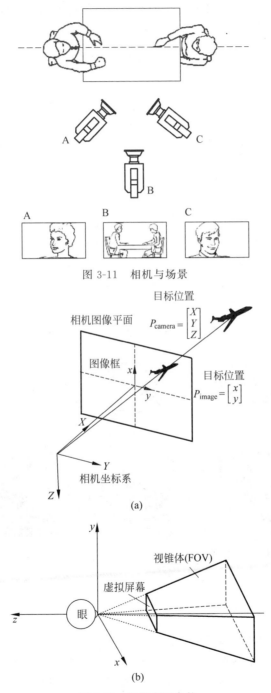

图 3-11　相机与场景

目标位置

相机图像平面　$P_{camera} = \begin{bmatrix} X \\ Y \\ Z \end{bmatrix}$

图像框

目标位置　$P_{image} = \begin{bmatrix} x \\ y \end{bmatrix}$

相机坐标系

(a)

视锥体(FOV)

虚拟屏幕

眼

(b)

图 3-12　相机主要参数

（a）相机的外部位姿设置；（b）相机的固有属性设置

值得注意的是,场景图中的单个相机节点,一般用于场景的静态记录和切换场景。

如图 3-13 所示,视点是空间中观察者所在的位置,在大规模场景应用中,经常进行视角旋转以及变换,因此对视点的操作是至关重要的。

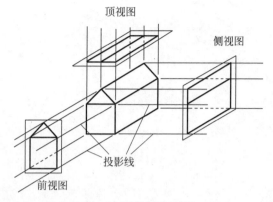

图 3-13　各投影视图

5. 纹理与材质节点

纹理和材质节点,经常也被定义为外观节点(appearance)。该节点的设置内容非常丰富,包括材质类型、纹理种类、纹理贴图方式等,如图 3-14 所示。如何实现外观的真实感渲染,本书在稍后章节将详细介绍。

图 3-14　材质与纹理节点设置种类

6. 动画节点

在场景中动画是不可或缺的,场景图中一般也包括动画节点。不同的图形引擎中对动画节点的定义不尽相同,基本思想是定义新类型节点,切换或者按序列加载场景的对象(包括几何、光线、相机等),利用人眼视觉暂留现象来产生动画。如图 3-15 所示。但是,机器人关节的运动并不采用这种方式,而是通过几何变换节点实现的。

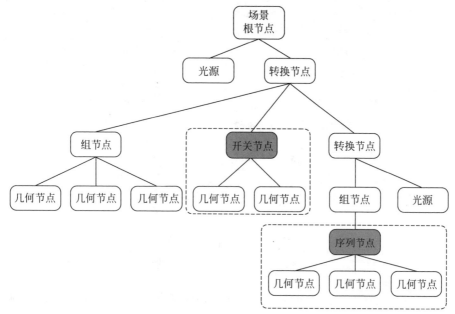

图 3-15　动画节点(开关节点和序列节点)

3.2.4　场景图累积变换矩阵

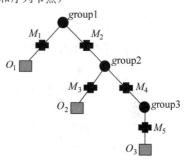

图 3-16　累积变换矩阵

当场景图中存在多个变换矩阵时,某个对象在整个场景中的位置可通过由下至上的累积变换矩阵(current transformation matrix, CTM)决定,位于场景图更高层级的变换矩阵,被附加在累积变换矩阵的前面,如图 3-16 与表 3-2 所示。

表 3-2　累积变换矩阵

场景中对象	累积变换矩阵
O_1	M_1
O_2	$M_2 M_3$
O_3	$M_2 M_4 M_5$

如果要计算局部坐标系对象 O_3 上的顶点 V 在世界坐标系中的位置 V_{wcs},可由下式获得:

$$V_{\mathrm{wcs}} = (M_2 M_4 M_5) V_{\mathrm{ocs}} \tag{3-1}$$

有了累积矩阵,计算重用场景图的节点也变得简单了。如图 3-17 所示,group3 节点在场景中被重用 2 次。group3 节点的内部变换矩阵不变化,重用后的 group3 在世界坐标系中位于不同的位置。变换矩阵分别为 $\boldsymbol{M}_1$、$\boldsymbol{M}_2$。

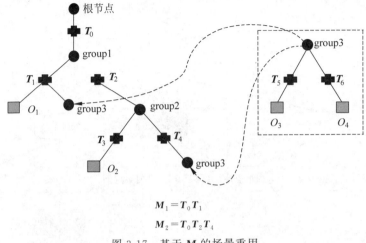

$$M_1 = T_0 T_1$$
$$M_2 = T_0 T_2 T_4$$

图 3-17　基于 M 的场景重用

　　累积变换矩阵对场景中所有节点的几何特征都有影响,如相机的位置、光源的位置等。

3.3　AR 场景的虚实融合

3.3.1　虚实融合概述

1. 虚实融合要解决的基本问题

　　AR 系统具有虚实结合、实时交互、三维注册的特点,为了实现虚实物体的无缝融合,需要解决以下 3 个技术[1]。

　　(1) 几何一致性技术:虚拟物体与真实场景要有一致的透视关系,比如,绘制虚拟物体时所取的视点、虚拟物体的大小和深度等信息要与真实场景相匹配。需要采用相机定标技术恢复出拍摄场景时的视点信息。

　　(2) 光照一致性技术:在达到几何一致性的基础上,虚拟物体与真实场景的光照环境是一致的,也就是说虚拟物体要跟真实场景共享一个光照,主要表现为虚拟物体的外观,如亮度、颜色、阴影的变化规律等应与真实场景中的物体外观保持一致。

　　(3) 运动一致性技术:当虚拟环境中的实体模型产生运动时,如平动或旋转,虚拟环境中实体模型的尺寸和视角都应与静止图像建立的虚拟环境保持一致。

2. 虚实融合关键技术

　　虚实融合主要包括 4 个关键技术,如图 3-18 所示。其中,图像信息采集处理技术是采集真实环境的信息,然后对图像进行预处理;实时注册跟踪定位技术是对现实场景中的目标进行跟踪,根据目标的位置变化来实时求取相机的位姿变化,从而将虚拟物体按照正确的空间透视关系叠加到真实场景中;虚拟信息绘制渲染技术是在获取虚拟物体在真实环境中的正确放置位置后,对虚拟信息进行绘制渲染;虚实场景融合显示技术是将渲染后的虚拟信息叠加到真实环境中再进行显示。

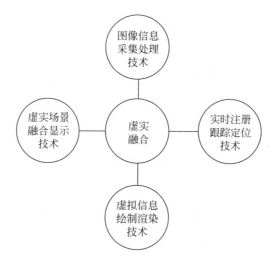

图 3-18　虚实融合关键技术

3.3.2　相机标定技术

空间物体表面点的位置和该点在相机生成图像上对应点的几何位置关系,由相机成像几何模型决定,该几何模型的参数称为相机参数。通过对一系列空间物点和对应的映射像点进行约束集求解,得到相机参数的过程称为相机标定。

三维重建是计算机视觉方面的研究要点,从照相机的二维平面信息中提炼物体三维立体信息,使场景中的设置更加形象和丰富,而相机标定作为三维重建过程中必不可少的一部分,其结果的精度直接影响三维重建的效果。

1. 针孔成像模型

针孔成像模型是使用最普遍的相机成像模型。对于数字相机,相机镜头相当于一个凸透镜,电荷耦合器件(charge coupled device,CCD)光敏材料芯片作为相机的感光元件位于凸透镜的焦点附近,焦距近似为凸透镜中心到 CCD 的距离,光线经过镜头进入相机在 CCD 上成像,这就是针孔成像模型。在不考虑相机本身畸变的情况下,该成像模型为理想透视变换,如图 3-19 所示。

针孔成像模型涉及 4 个坐标系,分别是世界坐标系、相机坐标系、图像坐标系和像素坐标系,读者可对比 3.1.1 节介绍的坐标系。

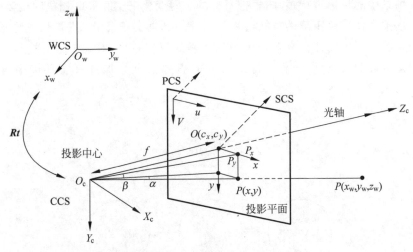

图 3-19　针孔成像模型示意图[2]

1) 世界坐标系

相机的位姿和安放在三维环境中其他任何物体的位置,用世界坐标系 WCS 描述,其坐标值表示为(X_W, Y_W, Z_W)。

2) 相机坐标系

相机坐标系(CCS)又称光心坐标系,其坐标原点为相机的光心,X 轴和 Y 轴分别平行于图像坐标系的 X 轴和 Y 轴,以相机的光轴为 Z 轴,用(X_C, Y_C, Z_C)描述坐标值。

任意一点在相机坐标系和世界坐标系下的坐标转换公式为

$$
\begin{bmatrix} X_C \\ Y_C \\ Z_C \\ 1 \end{bmatrix} = \begin{bmatrix} \boldsymbol{R} & \boldsymbol{t} \\ \boldsymbol{0}^T & 1 \end{bmatrix} \begin{bmatrix} X_W \\ Y_W \\ Z_W \\ 1 \end{bmatrix}
\tag{3-2}
$$

式中,$\boldsymbol{R}$ 表示相机坐标系相对于世界坐标系的 3×3 的旋转矩阵,$\boldsymbol{t}$ 代表世界坐标系的原点在相机坐标系的坐标,$\boldsymbol{0} = (0,0,0)^T$。

3) 图像坐标系

图像坐标系(SCS)以 CCD 图像平面的中心为坐标原点,X 轴和 Y 轴分别平行于图像平面的两条垂直边,用(x, y)描述其坐标值。图像坐标系采用物理单位(例如毫米)表示像素在图像中的位置。由于主点是光轴和相机成像平面的交点,因此图像坐标系的原点也与主点重合。

根据相似三角形几何知识,任意一点在图像坐标系和相机坐标系下的关系可以表示为

$$\begin{cases} x = \dfrac{fX_C}{Z_C} \\[2mm] y = \dfrac{fY_C}{Z_C} \end{cases} \tag{3-3}$$

式中，f 表示凸透镜的焦距，即凸透镜中心 O_C 到 CCD 平面的距离。

用矩阵形式与齐次坐标将式(3-3)表示为

$$Z_C \begin{bmatrix} x \\ y \\ 1 \end{bmatrix} = \begin{bmatrix} f & 0 & 0 & 0 \\ 0 & f & 0 & 0 \\ 0 & 0 & 1 & 0 \end{bmatrix} \begin{bmatrix} X_C \\ Y_C \\ Z_C \\ 1 \end{bmatrix} \tag{3-4}$$

4）像素坐标系

像素坐标系(pixel coordinate system,PCS)以 CCD 图像平面的左上角顶点为原点，U 轴和 V 轴分别平行于图像坐标系的 X 轴和 Y 轴，用 (u,v) 描述其坐标值。像素坐标系与图像坐标系的关系如图 3-20 所示。

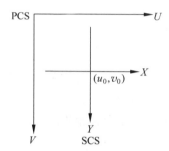

图 3-20　图像坐标系与像素坐标系的关系示意图

定义一个像素在图像坐标系的 X 轴和 Y 轴上的物理尺寸分别为 $\mathrm{d}x$ 和 $\mathrm{d}y$，图像坐标系的原点 O 在像素坐标系下的坐标为 (u_0,v_0)，那么任意一点在像素坐标系和图像坐标系下的坐标转换公式为

$$\begin{cases} u = \dfrac{x}{\mathrm{d}x} + u_0 \\[2mm] v = \dfrac{y}{\mathrm{d}y} + v_0 \end{cases} \tag{3-5}$$

用矩阵形式与齐次坐标将式(3-5)表示为

$$\begin{bmatrix} u \\ v \\ 1 \end{bmatrix} = \begin{bmatrix} \dfrac{1}{\mathrm{d}x} & 0 & u_0 \\[2mm] 0 & \dfrac{1}{\mathrm{d}y} & v_0 \\[2mm] 0 & 0 & 1 \end{bmatrix} \begin{bmatrix} x \\ y \\ 1 \end{bmatrix} \tag{3-6}$$

将式(3-4)和式(3-5)代入式(3-6)，得

$$Z_{\mathrm{C}} \begin{bmatrix} u \\ v \\ 1 \end{bmatrix} = \begin{bmatrix} \dfrac{1}{\mathrm{d}x} & 0 & u_0 \\ 0 & \dfrac{1}{\mathrm{d}y} & v_0 \\ 0 & 0 & 1 \end{bmatrix} \begin{bmatrix} f & 0 & 0 & 0 \\ 0 & f & 0 & 0 \\ 0 & 0 & 1 & 0 \end{bmatrix} \begin{bmatrix} \boldsymbol{R} & \boldsymbol{t} \\ \boldsymbol{0}^{\mathrm{T}} & 1 \end{bmatrix} \begin{bmatrix} X_{\mathrm{W}} \\ Y_{\mathrm{W}} \\ Z_{\mathrm{W}} \\ 1 \end{bmatrix} \tag{3-7}$$

整理后得

$$Z_{\mathrm{C}} \begin{bmatrix} u \\ v \\ 1 \end{bmatrix} = \begin{bmatrix} \dfrac{f}{\mathrm{d}x} & 0 & u_0 \\ 0 & \dfrac{f}{\mathrm{d}y} & v_0 \\ 0 & 0 & 1 \end{bmatrix} \begin{bmatrix} \boldsymbol{R} & \boldsymbol{t} \end{bmatrix} \begin{bmatrix} X_{\mathrm{W}} \\ Y_{\mathrm{W}} \\ Z_{\mathrm{W}} \\ 1 \end{bmatrix} = \boldsymbol{A} \begin{bmatrix} \boldsymbol{R} & \boldsymbol{t} \end{bmatrix} \begin{bmatrix} X_{\mathrm{W}} \\ Y_{\mathrm{W}} \\ Z_{\mathrm{W}} \\ 1 \end{bmatrix} \tag{3-8}$$

式(3-8)表示线性相机模型，其中 Z_{C} 为尺度因子，$\boldsymbol{A} = \begin{bmatrix} \dfrac{f}{\mathrm{d}x} & 0 & u_0 \\ 0 & \dfrac{f}{\mathrm{d}y} & v_0 \\ 0 & 0 & 1 \end{bmatrix}$。

2. 相机的内参数与外参数

相机参数指相机模型几何参数，可以分为相机内参数和相机外参数。相机内参数与相机本身的内部结构相关，相机外参数则由相机坐标系在世界坐标系中的相对位置确定。因为相机成像时存在镜头安装误差、镜头尺寸误差、非线性的径向和切向畸变，所以只有通过相机标定获得相机的内外参数，才能在进行虚实融合时保证虚拟物体与实际环境的几何一致性。

1）相机内参数

（1）内参数说明。相机内参数除了焦距、主点坐标、像素尺寸外，还包括歪斜、径向镜头畸变、切向镜头畸变以及其他系统误差参数。相机传感器尺寸在制造过程中可能不是正方形，也可能存在歪斜（skewed），从而对相机 X 轴和 Y 轴方向的焦距产生影响。参数包括水平和垂直两个系数 s 和 η，考虑这两个系数，可得到新的矩阵 $\boldsymbol{A}$：

$$\boldsymbol{A} = \begin{bmatrix} \dfrac{f}{\mathrm{d}x} & s & u_0 \\ 0 & \dfrac{\eta f}{\mathrm{d}y} & v_0 \\ 0 & 0 & 1 \end{bmatrix} \tag{3-9}$$

除此之外，由于透镜存在缺陷，成像过程会产生畸变，无法按照精准的理想状态下的小孔成像原理进行投影映射，即在三维空间中被拍摄物中的元素点在实际与理想状态下的成像过程之间存在一定的畸变误差。

（2）成像过程径向畸变。相机光学系统的透镜不完善是导致径向畸变发生的主要原因,光线在远离透镜中心的地方比靠近中心的地方更加弯曲,如图 3-21 所示。

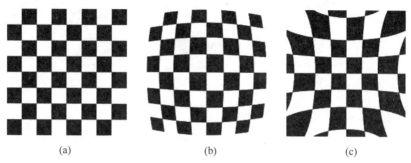

图 3-21　镜头径向畸变示意
(a) 正常无畸变;(b) 桶形畸变;(c) 枕形畸变

通过径向畸变系数可以估计发生径向畸变时图像上各点的位置:

$$\begin{cases} x_{\text{distorted}} = x(1 + k_1 r^2 + k_2 r^4 + k_3 r^6) \\ y_{\text{distorted}} = y(1 + k_1 r^2 + k_2 r^4 + k_3 r^6) \end{cases} \tag{3-10}$$

式中,(x,y) 为归一化像素坐标系下正常无畸变时的像点坐标(归一化像素坐标系是将像素坐标系的原点移动到主点、坐标值除以焦距(以像素为单位)得到的坐标系);$(x_{\text{distorted}}, y_{\text{distorted}})$ 为归一化像素坐标系下发生径向畸变时的像点坐标;k_1、k_2、k_3 是镜头的径向畸变系数;$r^2 = x^2 + y^2$。

(3) 成像过程切向畸变。切向畸变发生的主要原因为相机成像平面和镜头不平行。通过切向畸变系数可以估计发生切向畸变时图像上各点的位置:

$$\begin{cases} x_{\text{distorted}} = x + [2p_1 xy + p_2(r^2 + 2x^2)] \\ y_{\text{distorted}} = y + [p_1(r^2 + 2y^2) + 2p_2 xy] \end{cases} \tag{3-11}$$

式中,(x,y) 描述归一化像素坐标系下正常无畸变时的像点坐标;$(x_{\text{distorted}}, y_{\text{distorted}})$ 为归一化像素坐标系下发生切向畸变时的像点坐标;p_1、p_2 是镜头的切向畸变系数;$r^2 = x^2 + y^2$。

2) 相机外参数

在式(3-8)中,旋转矩阵 $\boldsymbol{R}$ 和平移向量 $\boldsymbol{t}$ 是相机的外参数,根据式(3-2),通过这两个参数,可以确定相机坐标系在世界坐标系下的位姿,如图 3-22 所示。

当相机不固定时,比如相机安装在机械臂末端、移动小车前方时,相机坐标系相对于世界坐标系发生变化,此时为了建立精确的相机成像模型,获取相机外参数是必要的。

3) 相机标定方法

这里介绍的方法为张正友在 1998 年提出的一种比自标定法精确度高、鲁棒性好,比传统标定法操作简洁、硬件要求低的平面标定法[4]。张正友标定法借助一个

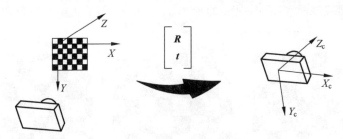

图 3-22 世界坐标系转化为相机坐标系示意图

标准的棋盘格,首先使用相机从各个角度拍摄这幅棋盘格对象,然后提取图像中棋盘格的角点,最后通过图像中角点的坐标以及世界坐标系下角点坐标的映射关系,计算出相机的内参数和外参数。张正友标定法采用针孔相机模型,对应公式为:

$$s\tilde{m} = A[R \quad t]\tilde{M} \tag{3-12}$$

式(3-12)与式(3-8)中的变量对应,s 为任意的尺度因子;$\tilde{m}$ 为像点在像素坐标系下的齐次坐标;$\tilde{M}$ 为像点对应的三维物点在世界坐标系下的齐次坐标;R 表示相机坐标系相对于世界坐标系的 3×3 的旋转矩阵;t 代表世界坐标系的原点在相机坐标系的坐标;$A = \begin{bmatrix} \alpha & c & u_0 \\ 0 & \beta & v_0 \\ 0 & 0 & 1 \end{bmatrix}$,与式(3-9)对应,$\alpha$ 和 β 称为图像在 U 轴和 V 轴的比例因子,c 为径向畸变参数,(u_0, v_0) 为主点在像素坐标系下的坐标。

在不考虑镜头畸变的情况下,假设标定板在世界坐标系 $Z_W = 0$ 的平面上,式(3-12)转化为

$$s\tilde{m} = A[R \quad t]\tilde{M} = A[r_1 \quad r_2 \quad r_3 \quad t] \begin{bmatrix} X_W \\ Y_W \\ 0 \\ 1 \end{bmatrix} = A[r_1 \quad r_2 \quad t] \begin{bmatrix} X_W \\ Y_W \\ 1 \end{bmatrix} \tag{3-13}$$

由于三维物点在世界坐标系 Z_W 轴上的坐标值为 0,可以重新定义三维物点在世界坐标系下的齐次坐标为 $\tilde{M} = [X_W \quad Y_W \quad 1]^T$,得到像点与物点的单应性关系:

$$s\tilde{m} = H\tilde{M} \tag{3-14}$$

式中,单应矩阵 $H = A[r_1 \quad r_2 \quad t]$。如果已知物点在世界坐标系下的坐标和对应像点在像素坐标系下的坐标,可以通过极大似然估计法求取单应矩阵的估计值。

令单应矩阵 $H = [h_1 \quad h_2 \quad h_3]$,得

$$[h_1 \quad h_2 \quad h_3] = \lambda A[r_1 \quad r_2 \quad t] \tag{3-15}$$

式中,λ 为一个任意标量。

由于向量 r_1 和 r_2 正交,得到约束方程:

$$\begin{cases} h_1^T A^{-T} A^{-1} h_2 = 0 \\ h_1^T A^{-T} A^{-1} h_1 = h_2^T A^{-T} A^{-1} h_2 \end{cases} \tag{3-16}$$

$$\text{设矩阵 } \boldsymbol{B} = \boldsymbol{A}^{-\mathrm{T}} \boldsymbol{A}^{-1} = \begin{bmatrix} B_{11} & B_{12} & B_{13} \\ B_{12} & B_{22} & B_{23} \\ B_{13} & B_{23} & B_{33} \end{bmatrix}$$

$$= \begin{bmatrix} \dfrac{1}{\alpha^2} & -\dfrac{c}{\alpha^2 \beta} & \dfrac{cv_0 - u_0\beta}{\alpha^2 \beta} \\[3mm] -\dfrac{c}{\alpha^2 \beta} & \dfrac{c^2}{\alpha^2 \beta^2} + \dfrac{1}{\beta^2} & -\dfrac{c(cv_0 - u_0\beta)}{\alpha^2 \beta^2} - \dfrac{v_0}{\beta^2} \\[3mm] \dfrac{cv_0 - u_0\beta}{\alpha^2 \beta} & -\dfrac{c(cv_0 - u_0\beta)}{\alpha^2 \beta^2} - \dfrac{v_0}{\beta^2} & \dfrac{(cv_0 - u_0\beta)^2}{\alpha^2 \beta^2} + \dfrac{v_0^2}{\beta^2} + 1 \end{bmatrix} \quad (3\text{-}17)$$

由于矩阵 $\boldsymbol{B}$ 对称,定义 6 维列向量 $\boldsymbol{b} = \begin{bmatrix} B_{11} & B_{12} & B_{22} & B_{13} & B_{23} & B_{33} \end{bmatrix}^{\mathrm{T}}$

令单应矩阵 $\boldsymbol{H}$ 第 i 列的列向量为 $\boldsymbol{h}_i = \begin{bmatrix} h_{i1}, h_{i2}, h_{i3} \end{bmatrix}^{\mathrm{T}}$,得

$$\boldsymbol{h}_i^{\mathrm{T}} \boldsymbol{B} \boldsymbol{h}_j = \boldsymbol{v}_{ij}^{\mathrm{T}} \boldsymbol{b} \quad (3\text{-}18)$$

式中,

$$\boldsymbol{v}_{ij} = \begin{bmatrix} h_{i1}h_{j1}, h_{i1}h_{j2} + h_{i2}h_{j1}, h_{i2}h_{j2}, h_{i3}h_{j1} + h_{i1}h_{j3}, h_{i3}h_{j2} + h_{i2}h_{j3}, h_{i3}h_{j3} \end{bmatrix}^{\mathrm{T}}$$

则约束方程(3-16)改写为

$$\begin{bmatrix} v_{12}^{\mathrm{T}} \\ (v_{11} - v_{22})^{\mathrm{T}} \end{bmatrix} \boldsymbol{b} = \boldsymbol{0} \quad (3\text{-}19)$$

若观测 n 张图片,联立方程组得

$$\boldsymbol{V} \boldsymbol{b} = \boldsymbol{0} \quad (3\text{-}20)$$

式中,$\boldsymbol{V}$ 是一个 $2n \times 6$ 矩阵,当 $n \geqslant 3$ 时,一般会得到一个 $\boldsymbol{b}$ 的唯一解,从而确定矩阵 $\boldsymbol{B}$。

在确定矩阵 $\boldsymbol{B}$ 后,根据式(3-17)可以求出矩阵 $\boldsymbol{A}$ 的值:

$$\begin{cases} v_0 = \dfrac{B_{12}B_{13} - B_{11}B_{23}}{B_{11}B_{22} - B_{12}^2} \\[3mm] \lambda = B_{33} - \dfrac{B_{13}^2 + v_0(B_{12}B_{13} - B_{11}B_{23})}{B_{11}} \\[3mm] \alpha = \sqrt{\dfrac{\lambda}{B_{11}}} \\[3mm] \beta = \sqrt{\dfrac{\lambda B_{11}}{B_{11}B_{22} - B_{12}^2}} \\[3mm] c = -\dfrac{B_{12}\alpha^2 \beta}{\lambda} \\[3mm] u_0 = \dfrac{cv_0}{\alpha} - \dfrac{B_{13}\alpha^2}{\lambda} \end{cases} \quad (3\text{-}21)$$

在确定矩阵 A 后,根据式(3-15)可以求出相机外参数:

$$\begin{cases} r_1 = \dfrac{1}{\lambda}A^{-1}h_1 \\[2mm] r_2 = \dfrac{1}{\lambda}A^{-1}h_2 \\[2mm] r_3 = r_1 \times r_2 \\[2mm] t = \dfrac{1}{\lambda}A^{-1}h_3 \end{cases} \tag{3-22}$$

由此,计算得到了一组相机内外参数的解。

在实际使用张正友标定法进行相机标定时,移动相机或者棋盘格从不同角度拍下几张照片,从图像中获取特征点坐标,估计得到单应矩阵,再运用上面的方法得到相机内外参数,然后可以考虑镜头畸变,利用最小二乘法估计畸变系数,最后通过极大似然估计法优化相机参数,如图 3-23 所示,代码参见前言中提及的随书代码。

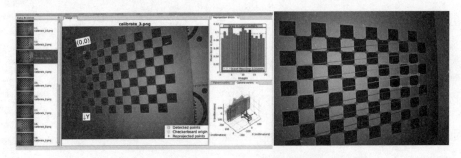

图 3-23　MATLAB 和 openCV 的棋盘格标定模块[3]

3.3.3　虚实场景注册技术与跟踪技术

虚实场景注册是指实时地计算虚拟物体在观察者坐标系中的位姿。跟踪可以分为视点跟踪与运动物体追踪。视点跟踪是为了获得观察者当前的观察点位姿,确保观察者观察真实世界与观察虚拟世界的观察点一致,这样才能保证虚实融合时观察到的虚拟物体处于正确位姿状态;运动物体跟踪是为了获得场景中运动物体当前在注册坐标系或视点坐标系中的位姿。基于视觉的运动物体跟踪过程中,一般是先获得运动物体与视点的相对位姿,再利用视点在场景或地图中的位姿,确定物体在场景或地图中的位姿,因此,视点跟踪是跟踪的最基本问题。通过虚实场景注册技术与跟踪技术能够确定虚拟物体在二维图像上的投影位置,从而实现虚实物体的叠加显示。虚实场景注册跟踪技术是一个成功的 AR 系统的基础,虚拟物体与真实场景的完美融合才能保证用户身临其境的体验。

1. 虚实注册的基本原理

1) 统一坐标法

统一坐标法的原理如图 3-24 所示。其步骤如下:

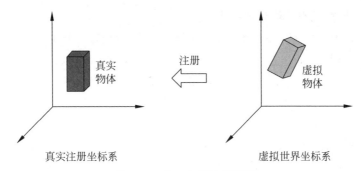

图 3-24　统一坐标法原理图

（1）构建一个实际的坐标系,作为注册坐标系;

（2）在注册坐标系中对真实物体或参照物进行定位;

（3）在虚拟世界中建立一个与注册坐标系对应的世界坐标系;

（4）根据真实物体或参照物的位姿,在注册坐标系中确定虚拟物体的位姿参数,即完成了虚拟物体在实际世界中的"注册"。

统一坐标法可利用各种测量方法,精度可以很高;虚实物体在统一坐标系中,适合于各类应用,特别是多人协同应用。缺点是在缺少足够的参照信息、场景大,难以进行统一坐标注册。

2）相对坐标法

相对坐标法的原理如图 3-25 所示。其步骤如下:

（1）计算真实物体或参照物在观察坐标系中的位姿;

（2）根据真实物体或参照物与虚拟物体的关系,确定虚拟物体在观察坐标系中位姿。

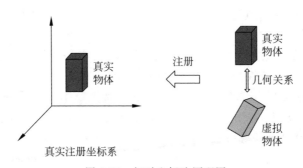

图 3-25　相对坐标法原理图

相对坐标法把物体注册与视点追踪合二为一,适用于难建立统一坐标系的情况。缺点是虚拟物体、实际物体在每一个观察坐标系中位姿表达不同,且实时计算耗费时间长、精度低。

2. 基于计算机视觉的注册技术

基于计算机视觉的注册技术主要包括基于人工标志物的注册、基于特征点群的注册、基于自然特征的注册、基于模型的注册。近年来基于即时定位与地区构件（simultaneous localization and mapping，SLAM）的注册技术不断发展，是一大热点。这里介绍基于人工标志物 ARToolkit 的注册技术[3]和基于特征点群的注册技术。

1）基于人工标志物的注册方法

基于人工标志物的注册技术发展很早且已经较为成熟，最典型的方法是利用视觉跟踪库 ARToolkit 和 ARTag 中的四边形黑白标识。常用的 AR 标识的设计样式如图 3-26 所示。

(a)　　　　　　　　(b)　　　　　　　　(c)

图 3-26　AR 标识

(a) QR 码；(b) ARTag 标识；(c) ARToolkit 标识

利用 ARToolkit 标识进行注册[5]，基本原理为相对坐标法，在准备好的环境下可以迅速且精确地获取标识的特征点，从而能够快速准确地进行虚实注册，且注册效果较为稳定。缺点是在复杂的环境下注册效果不佳，比如在标识物高速移动、被遮挡或大幅度缩放的情况下，会导致虚实注册出现错误甚至是失败。

2）基于特征点群的注册方法

基于特征点群的注册方法是指在真实环境中的实物上添加一些特征点，这些特征点可以是实物的棱线交点或者拐角点。系统通过测量获得特征参照物在真实环境中的坐标，在虚拟世界中就可以设置相应的虚拟物体，并在这些虚拟物体上找到对应的特征点，获取这些虚拟世界特征点的坐标，将虚拟真实不同世界的特征点进行点群匹配，就可以获得虚拟、真实不同世界坐标系的坐标变换，从而实现虚实注册[6]。利用特征点群进行注册，基本原理为统一坐标法，过程如下（见图 3-27）。

（1）在真实环境中选取一些特征点，并且设置一个注册坐标系，通过测量仪器（如全站仪）获取这些特征点在注册坐标系下的坐标。

（2）在虚拟世界中设置一个世界坐标系，并在虚拟世界中设置虚拟对象，在虚拟对象的对应位置设置特征点，获得这些特征点在虚拟世界坐标系下的坐标。

（3）由于测量存在误差，所以真实测量获得的点群无法与虚拟世界中的点群完全匹配，需要进行精细匹配，可以利用迭代最近点（iterative closest point，ICP）

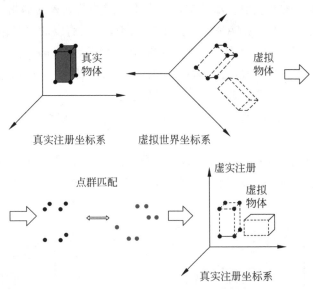

图 3-27　基于特征点群的注册原理

算法进行点群的精细匹配。

ICP 算法的本质为基于最小二乘法的最优匹配,目的是求取目标函数 $E(\boldsymbol{R},\boldsymbol{t})$ 的最小值:

$$E(\boldsymbol{R},\boldsymbol{t})=\frac{1}{N_p}\sum_{i=1}^{N_p}\parallel \boldsymbol{x}_i-\boldsymbol{R}\boldsymbol{p}_i-\boldsymbol{t}\parallel^2 \tag{3-23}$$

式中, N_p 为点的个数; $\boldsymbol{x}_i$ 为真实世界中测量获得的特征点坐标值; $\boldsymbol{p}_i$ 为虚拟世界中对应的特征点在虚拟世界坐标系下的坐标值; $\boldsymbol{R}$ 和 $\boldsymbol{t}$ 是优化目标,是对于虚拟世界中的点群进行的旋转和平移变换。

在使用 ICP 算法时,可以先选取 3 个特征点进行点群匹配,获得旋转矩阵和平移变换的初值,保证迭代的收敛性;再通过 ICP 算法获得注册坐标系和虚拟世界坐标系的坐标变换矩阵后,就可以求出虚拟模型在真实注册坐标系中的位姿,这样就完成了虚实注册。

3.4　场景优化

3.4.1　概述

诸如虚拟工厂等制造系统,三维场景规模大,层次组织复杂,高逼真的场景建模难度大。评价面向 VR/AR 系统的虚拟场景质量的技术指标一般考虑以下 4 个方面。

（1）精确度：衡量模型表示现实世界中物体形貌精确程度的指标。

（2）显示速度：在 VR/AR 的交互式应用中，显示响应的时间越短越好，系统延迟将大大影响系统的可用性，模型质量和组织对显示速度的影响巨大。

（3）交互效率：对模型选择、场景缩放、平移和旋转操作、模型运动等，涉及运动物体的碰撞干涉等问题，须高效实现人机交互。

（4）扩展性：场景应满足开放的构架，兼容多种三维模型格式和多种模型处理算法。

三维场景形成了 VR/AR 系统的基础数据库和数据结构，场景构建得好坏将直接影响系统的真实感、实时性和交互性。三维场景构建的主要步骤如图 3-28 所示。

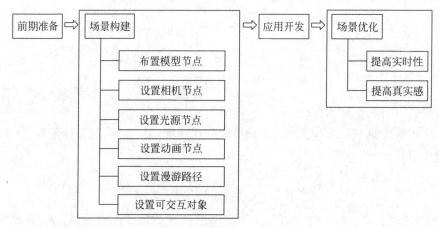

图 3-28 三维场景应用流程图

（1）在前期准备过程中主要确定场景和模型的结构，根据场景的仿真目的进行顶层规划。

（2）进行场景构建，包括：①采集数据，制作场景中各种三维实体等模型并预渲染，设置场景中各类型节点；②设置相机节点，用来确定场景展示内容；③设置光源节点，对场景进行真实感渲染；④设置动画节点，对场景中必需的动画给出定义；⑤设置漫游路径和相机节点、坐标变化矩阵等关联，实现场景平滑漫游。同时指定场景中的可交互对象，与相关数据进行关联，实现交互信息一体化。

（3）选择 VR/AR 图形引擎，开发 VR/AR 应用。

（4）根据系统运行情况，进行后期优化。后期优化主要包括场景优化、场景的调度管理与场景访问控制等，采用各种技术对场景的实时性和真实感进行优化，如表 3-3 所示。

表 3-3　三维场景优化技术分类表

优化类别	采用技术	技术描述
提高实时性的技术	细节程度	用一组复杂程度(一般以多边形数或面数来衡量)各不相同的实体层次细节模型描述同一个对象,随着视点变换改变物体模型的细节程度来提高显示速度
	基于图像的绘制	直接利用实际中拍摄得到的视景图像来构造虚拟场景
	模型简化	采用网格简化算法
	场景调度管理	根据视点和注意力对大型场景进行分块加载和动态调度,以提高系统的实时性
	实例化	相同的几何体可以共享同一个模型数据,通过矩阵变换安置在不同的地方
	外部引用	有利于大场景的整合、编辑以及多人的协同工作,同时有助于按需加载场景中的模型
提高真实感的技术	纹理映射	利用逼真的纹理既可以提高模型的细节水平和真实感,又不增加三维几何造型的复杂度,减少模型的多边形数量
	光照、阴影生成	光照和阴影是提高模型真实感的重要技术,但是由于实时性的要求,经常采用预渲染(对模型进行烘焙处理)和实时渲染技术,一般在应用中需要作出取舍或平衡

3.4.2　模型优化

VR/AR 应用的成功取决于实时性和真实感的平衡,以获得沉浸感为目标,但不能过度提高场景模型的精度。尤其是应用在制造系统中时,微小提升网格精度,就会使整个场景处理模型的负荷呈指数级增加。本节中分别从模型的优化、场景结构的优化和场景加载的优化来介绍如何提高场景的实时性和真实感。

1. 模型的层次结构优化

在建立庞大的场景模型之前,应该根据虚拟场景中每个实体的几何空间位置,以及模型之间和模型内部的结构关系,来确定整个虚拟场景的结构及场景中所有实体模型的结构,通常采用层次结构来组织场景。对场景进行层次结构划分后,可以方便场景建模的分块、分工和实体模型的组织和管理,明确模型构建目标,大大减轻建模的工作量。事实上,即使是最简单的模型也需要通过调整模型的层次结构来进行优化。制造场景的结构优化,可以分为场景结构优化和模型结构优化两个方面,分别从宏观方向和微观方向来展开。层次划分可以按照生产线进行组织,或者按照工位进行组织,先进行制造的场景分块(或模型分割),再进行层次建模,然后进行场景组装。

2. 多边形网格优化

第 2 章已经介绍了三角形网格的常用处理方法,包括法向量计算、网格细分和简化、网格规则化等。在场景后期优化过程中,如果发现多边形网格太多,则需要继续采用这些技术来进行简化和规则化。除了这些技术之外,消除冗余几何要素和处理缺陷(孔洞)也是必须的。

(1)消除冗余几何要素主要包括删除重复点、线和面,重构共线的直线。另外还可以通过优化数据结构来降低重复几何要素的出现,比如使用顶点索引,可以降低共顶点的几何存储。

(2)孔洞缝补指对模型出现的孔洞进行缝补,如图 3-29 所示。具体可参考利用 Octree(八叉树)来进行修复的方法。

图 3-29 孔洞缝补[7]

3. 使用纹理贴图

有效使用纹理,不仅是一种增加场景真实感的有效方法,也是提高实时性的好方法。但是,对于倒角、孔洞等具有较多细节的物体来说,如果过分强调细节,则会使模型的三角形数目急剧增大,导致整个系统实时性降低。为此,采用纹理映射的方法,在对应位置的多边形表面"贴上"纹理图片,用来代替详细的模型,看起来一样逼真。例如,图 3-30 所示发动机引擎上的铆钉、小孔等都是用纹理取代的。

图 3-30
(彩图)

图 3-30 纹理代替细节

纹理制作是技术也是艺术,使用单分量(灰度图)的纹理(图 3-30 标识为 2 的坦克模型)通常要比使用三分量(红、绿、蓝,图 3-30 标识为 1 的坦克模型)更为有效。单分量纹理每一个字节用一个十六进制值就可以表示,而一个三分量纹理的像素有红、绿、蓝 3 个成分,则需要 3 个十六进制值来表示。在纹理制作中,纹理图片尺寸大小尽可能取 2 的整数倍。

另外,在实时仿真系统中,物体的运动部分、远距离场景建模等可以使用低质量的纹理,不但可以达到场景表现的效果,也可以极大地节约内存。

3.4.3　场景结构优化

1. LOD 技术

细节层次技术(levels of detail, LOD)是在不影响画面视觉效果的前提下,用一组复杂程度(一般以多边形数或面数来衡量)各不相同的实体层次细节模型来描述同一个对象,并在图形绘制时依据视点远近或其他一些客观标准在这些细节模型中进行切换,自动选择相应的显示层次,从而能够实时地改变场景复杂度的一种技术,如图 3-31 所示。

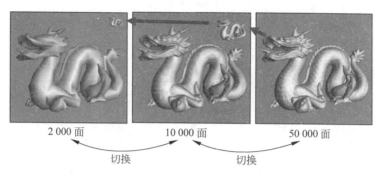

图 3-31　基于 LOD 的场景复杂度改变

LOD 技术主要是针对模型结构进行优化,即对于经过单元分割后的模型进行简化多边形的处理过程。LOD 简化多边形的目的,不是为了从初始模型中移去粗糙的部分,而是为了保留重要的视觉特征来生成简化的模型,其理想的结果应是一个初始模型序列的简化,这样简化的模型才可以应用于不同的实时加速。生成层次 LOD 模型的方法主要有细分法、采样法和删减法,其中删减法应用较广泛。

2. 节点重用

当三维复杂场景中具有多个几何形状相同,仅仅是位置不同的对象时,可以采用实例化技术进行重用。实例化是对场景数据库中已存在模型的引用,不是简单的复制,而只是指向其父节点的指针。实例就像是一个模型的众多影子,而实际物体只有一个,其他的通过平移、旋转、缩放之后得到,如图 3-32 所示。

对某一实例的几何特征、颜色、纹理等属性进行编辑,会改变所有实例的属性。如果同一物体在场景中多次被使用,也就是说除了空间位置不同之外,其他属性都一样,那么可以只建立一个模型,在以后的使用过程中只要通过运用实例的方法来引用该模型即可,从而节省大量的硬盘和内存空间。

3. 使用外部引用

使用外部引用就是可以让用户直接把不在场景中的模型或纹理等,在运行的时候动态加载到当前的场景中。主要方法是在模型创建之初,先计算好各个模型间的

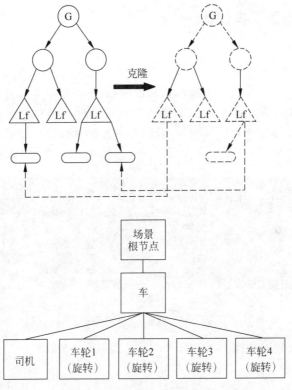

图 3-32　模型的克隆与复用

比例,在当前场景中创建主要的、精细的、需要进行操作的模型(locale object),然后使用外部引用技术将场景中其他模型导入到当前场景中,如图 3-33 所示。这样只有在适当的时候才导入外部模型,为全局场景的创建提供了极大的方便,进而可以在一定范围内和程度上节省内存,提高渲染的速度和机器运行的速度。

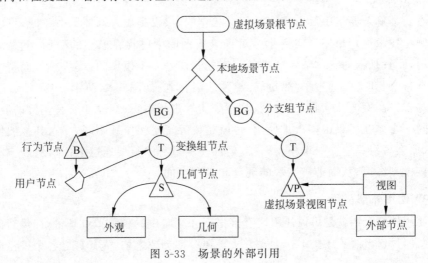

图 3-33　场景的外部引用

4. 场景数据结构优化

对场景数据结构进行优化有利于减少内存消耗与占用。目前主要采用两种数据结构实现优化：空间层次数据结构和对象层次数据结构。

1）空间层次数据结构

空间层次（spatial hierarchies）数据结构以几何模型在空间的分布为划分原则，主要有规则网格、二分空间细分树、八叉树、KD 树、BSP 树等数据结构。其中，规则网格有规律地将空间细分为单元格，单元几乎都是立方体，每个对象在其重叠的每个单元格中被引用，嵌套网格也是可能的。其他几种都基于树结构，如二分空间细分树，每一个分割都是轴对齐的平面，如图 3-34 所示。

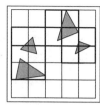 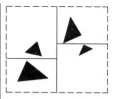 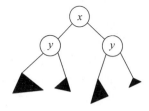

图 3-34　二分空间细分树

2）对象层次数据结构

对象层次（object hierarchies）数据结构以完整几何对象的结构为层次划分原则，主要有层次包围体（bounding volume hierarchies，BVH）、空间 KD 树（spatial KD-Trees）。其中，BVH 数据结构较常见，如图 3-35 所示。

需要说明的是，并不存在"最佳"的数据结构来加速场景，每个数据结构的适用情况不一样，需要根据应用需求来选择。

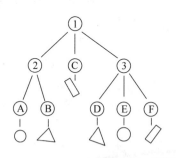 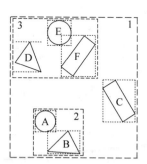

图 3-35　BVH 数据结构

3.4.4　场景加载优化

1. 大规模场景模型的动态调度

对三维复杂场景海量数据进行较为流畅的显示，一直都是视景仿真的目标和难点。由于场景的复杂程度往往超过了目前高性能图形系统的实时绘制能力,为了能绘制场景,常常采用 LOD 和纹理金字塔等技术,并从数据库中选择提取任意位置和任意大小的单元体进行显示,以期达到简化复杂场景和实时显示的目的。

1) 场景模型分块调度与显示

前文已经将场景切分成子块,并构建了各子块的场景模型。在显示时要根据视点位置、视线方向或者其他规则,决定调入哪个子块以及何种精细程度的三角网数据,并完成场景绘制和相关计算。这样可以避免调用整个场景,从而有效地提高绘制的实时性。

2) 场景显示调度

一个具有通用性的虚拟漫游系统,要能够完成从一般模型到复杂场景的调度与管理。小单元的场景模型可以一次直接导入内存,对多边形进行绘制渲染,输出图像;而对于内容丰富、庞大复杂的场景数据库,在装载、调用、输出视景图像时必须采用一定的场景调度技术,如分块调用等,根据视点所看到的区域,动态地选择较小区域场景进行调用,不需要调用整个场景模型,从而有效地提高系统输出视景的实时性。

2. 数据组织与加速

浏览大数据量的场景和模型,必须建立场景和进行建筑模型动态加载。例如方块调度就是一种合理的动态加载方法。

(1) 视点算法:基于视锥体的计算,计算区域为相机的底平面、顶平面、左平面、右平面、近平面、远平面围成的空间区域。当物体出现在这个空间区域内时相机是可以看见的,当物体出现在这个区域外时,相机就看不到。因此,调度算法应该围绕视锥体的计算而设计,当摄像机转动或者移动时,将出现在空间区域内的数据调度进来,将在内存中而不在空间区域内的数据从内存中消除。

(2) 空间数据库:大规模制造场景模型量巨大,一般系统很难一次加载完成,存储在文件系统中,动态加载很困难,为此,可以借助空间数据库的概念,实现调度优化。空间数据库目前较多用于地理信息系统,适合存储具有空间位置、高度等信息的元数据,用来表示空间实体的大小、位置、形状及其分布特征诸多方面信息的数据,还记录了时间、定位与空间关系。

(3) GPU 技术:除了对场景中模型、场景数据结构等进行优化之外,针对大尺寸的制造场景的真实感渲染,利用 GPU 进行加速也是可行的方法之一。

习题

1. 场景图的数据构成有哪些?
2. 绘制出如图 3-36 所示的场景图,需要包括外观、关节等节点。

图 3-36　习题 2 场景图

3. 场景优化有哪些方法？
4. 简述基于标识符进行三维跟踪注册的流程。

参考文献

［1］ AZUMA R T. A survey of augmented reality［J］. Presence：teleoperators & virtual environments,1997,6(4)：355-385.

［2］ PAN F H,ZHONG J M,JIAN. G, et al. Chapter 3-Pose Measurement Based on Vision Perception[J]. Tethered Space Robot,Academic Press,2018,75-119.

［3］ MATHWORKS. What Is Camera Calibration? ［EB/OL］. 2021-04-15（2023-1-5）. https://ww2. mathworks. cn/help/vision/ug/camera-calibration. html.

［4］ ZHANG Z. Flexible camera calibration by viewing a plane from unknown orientation[C]// Proceedings of the Seventh IEEE International Conference on Computer Vision：IEEE,1999,1：666-673.

［5］ ARTOOLKIT. Read me for ARToolKit ［EB/OL］. 2016-7-15（2023-1-5）. http://www. artoolkit. org/documentation/Examples：example_simplelite.

［6］ SALVI J,MATABOSCH C, FOFI D, et al. A review of recent range image registration methods with accuracy evaluation[J]. Image and Vision computing,2007,25(5)：578-596.

［7］ JU T. Robust repair of polygonal models［J］. ACM Transactions on Graphics（TOG）,2004,23(3)：888-895.

第4章

真实感渲染

VR/AR 系统的真实感首先是视觉上的真实感,产生这些视觉真实感是通过计算机图形学的图形渲染得到的。由于真实感渲染涉及计算机图形学的内容较多,超出了本书范围(详细内容参考 GAMES101 等课程)[1]。本书仅介绍最基础的计算机图形渲染方法,如图 4-1 所示。

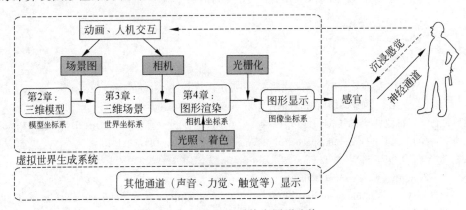

图 4-1　VR/AR 系统之图形渲染

4.1　图形渲染流程概述

人们平常观察物理世界主要通过接收外界的反射光,光从眼睛传输到视神经,再到视交叉处,实现视野左右两边的信息在大脑皮层的交换,经视束的轴突终止于丘脑背侧的外侧膝状体核(lateral geniculate nucleus,LGN),LGN 神经元轴突向初级视皮层形成投射,从而产生视觉感知。

计算机处理图形的过程是图形渲染流程,称为渲染流水线(rendering pipeline),即渲染的一整套流程,从三维空间虚拟场景,以相机的角度渲染当前帧的可见内容,然后光栅化到屏幕的一张图片(一帧)。在 VR/AR 系统运行中,这个过程一帧一帧地运行,系列图片像水一样流经管道,不断地刷新屏幕。本章将通过生成一个带纹理的立方体并将其放入 VR/AR 系统中来介绍渲染过程,如图 4-2 所示。

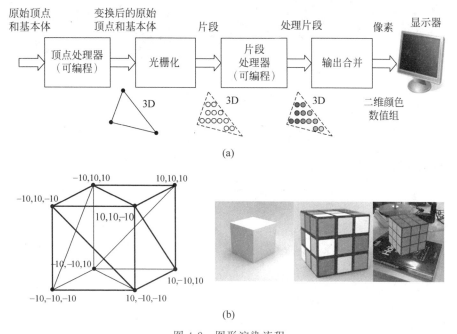

图 4-2　图形渲染流程

（a）图形渲染流水线[2]；（b）立方体渲染示例

4.2　模型、视图与投影变换

当三维图形场景确定后,用户可根据图形显示的要求定义观察区域和观察方向,得到所期望的显示结果。这需要定义视点(或照相机)的位置与方向,完成从观察者角度对整个世界坐标系内的对象进行重新定位和描述,以简化后续三维图形在投影面成像为二维图形的推导和计算。

场景中常见的变换分为 3 种:模型(model)变换,视图(view)变换,投影(projection)变换,也称为 MVP 变换。可以通过 MVP 变换矩阵将任意位置的相机和所照向的场景(三维模型)转换到一个"规范、标准"的二维空间中,以便于后续的光栅化操作。

4.3　光栅化

光栅化(rasterization)是将几何图元变为栅格化的二维图像,然后显示在屏幕上的过程。如图 4-3 所示。屏幕是一个典型的光栅成像设备,屏幕上的内容由二维像素数组决定。

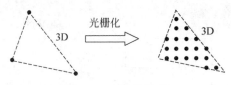

图 4-3　光栅化过程

　　三角形作为最基础的多边形,具有以下特性:任何多边形都可拆分为一系列三角形;三角形一定在一个平面内;可以用叉积判断一个点在三角形内部还是外部;可以利用顶点进行准确的插值,实现颜色的渐变。

　　像素是图像中不可分割的最小单元,每个像素都有确定的位置和色彩数值。像素可表示不同颜色:灰度图中的像素值为 0～255,随着像素值的递增,颜色从黑到白;彩色图中的像素通过 R、G、B 3 个值来表示,这 3 个数分别表示红色、绿色和蓝色的强度等级。将三维物体呈现在二维显示器上的过程,可以分为顶点处理和光栅化两个阶段。

4.4　着色

　　图形渲染过程中的着色(shading)主要是指对物体引入不同材质,计算光照对材质的作用效果,实现其明暗即色差的视觉效果的过程,如图 4-4 所示。材质是真实感图形生成中一个重要的方面,物体所呈现出的颜色在很大程度上取决于物体表面的材质。在现实世界中,材质本身有属于自己的颜色,材质的颜色是由它所反射的光的波长决定的。

图 4-4　模型的不同材质

　　物体表面的材质类型决定了反射光线的强弱。表面光滑较亮的材质会反射较多的入射光,而较暗的表面则吸收较多的入射光。如果光线被投射至一个不透明的物体表面,则部分光线被反射,部分被吸收。同样,对于一个半透明物体的表面,部分入射光会被反射,而另一部分则被折射。物体表面呈现的颜色仅由其反射光决定。着色对场景的逼真性至关重要。

4.4.1　光源

如图 4-5 所示,在处理光照时采用这样一种近似,即把光照系统分为 3 部分:光源、材质和光照环境。

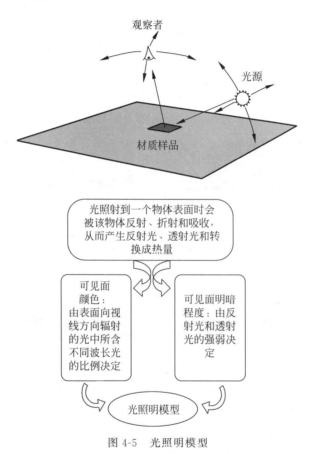

图 4-5　光照明模型

1. 光源属性

图像渲染过程主要关注光源的 3 个属性:光源的几何形状、光源向四周所辐射光的光谱分布、空间光亮度分布,它们影响着我们对于光照模型的建立方式,如表 4-1 所示,通过对不同光源属性的分析,能够对环境光照进行更准确的描述。

表 4-1　光源

属　　　性	属 性 描 述
光源的几何形状	点光源、线光源、面光源和体光源
光源向四周所辐射光的光谱分布	光源的颜色,由光中所含不同波长光的比例决定
空间光亮度分布	光源朝空间各个方向发射的光是否均匀

2. 光与场景对象的交互

光与场景对象的交互主要包括反射、折射与透射(吸收),如图 4-6 所示。

当光能到达不同介质的边界时,有 3 种可能:透射、吸收和反射,如图 4-7 所示。

有两种极端的反射模式分别是镜面反射和漫反射。其中,镜面反射是所有的射线/光线反射在相同的角度,而漫反射意味着光线以一种可以独立于它们的接近角度的方式散射。

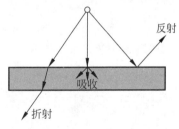

图 4-6　光线与场景的交互方式

镜面反射通常用于抛光表面,例如镜面,而漫反射则用于粗糙表面。

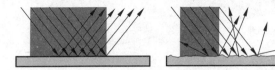

图 4-7　光的反射

可见光光谱对应的是波长在 400～700nm 之间的电磁波峰范围,如图 4-8 所示,不同波长的光其折射率的不同影响着光线追踪计算。

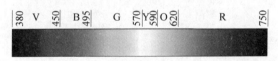

图 4-8　可见光光谱

一般的图形学仅针对光线的简单模型,如果要获得高度逼真的场景,则需要进行光的复杂传播分析,例如,经过多次反射的光及存在折射的光同时进入视野,这主要涉及光线追踪及光线的能量衰减等研究。其中光线追踪如图 4-9 所示。

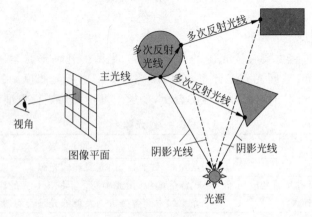

图 4-9　光线追踪

4.4.2 光线表示

将每一条光线想象成一条射线,那么每一条光线都会由起点及方向这两个属性所固定,即

$$r(t) = o + td, \quad 0 \leqslant t < \infty \tag{4-1}$$

除了起点 o 以及方向 d 之外,还额外定义了一个参数 t 来表示光线行进的长度。

1. 反射方向的计算

反射方向计算相对容易,如图 4-10 所示,可利用 l、n 求解:

$$r = 2n(l \cdot n) - l \tag{4-2}$$

几何含义:如式(4-2),入射光线 l 在法向上投影的 2 倍再减去入射光线 l 方向,即可得到反射方向 r。

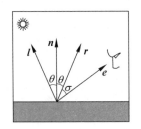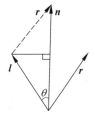

图 4-10 反射光的求解

2. 折射方向的计算

折射方向的推导其实是由斯涅尔定理(Snell's Law)得来的:

$$n\sin\theta = n_t\sin\phi \tag{4-3}$$

其中,n、n_t 分别代表反射平面两边的反射率,如图 4-11 所示。

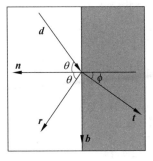

图 4-11 折射方向计算

4.4.3 光照模型

本节主要介绍着色过程的基本方法,并不展开图形学渲染的详细理论,仅从理论角度给出简要介绍,以方便在进行 VR/AR 系统的应用研发时有指导作用。

1. 简单光照模型

简单光照模型(Lambert)用于纯粹的漫反射表面的物体,比如磨砂的玻璃表面,观察者所看到的反射光和观察的角度无关,这样的表面称为"朗伯"。学术的说法就是其表面亮度是各向同性的,亮度的计算遵循朗伯余弦法则,如图 4-12 所示。

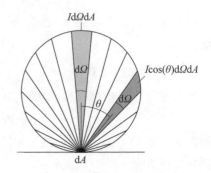

图 4-12 朗伯余弦法则

具体描述:一束光照在理想漫反射的物体表面,光照强度的变化由入射光线和物体表面法线的夹角决定。在具体计算的时候,遵循式(4-4)。

$$\begin{cases} I_{\text{Diffuse}} = K_d \times I_d \times \cos\theta \\ \cos\theta = N \cdot L \end{cases} \tag{4-4}$$

其中,K_d 表示物体表面漫反射属性,I_d 表示入射光强,N 表示入射点单位法向量,L 表示从入射点指向光源的单位向量(注意是入射点指向光源,表示了入射光的方向),单位化之后相乘就得到了夹角的余弦值。

2. Blinn-phong 模型

可以通过矩阵变换、投影变换、三角采样、深度缓存等处理实现一个物体在投影平面的图像,渲染出所想要的图片,如图 4-13 所示。

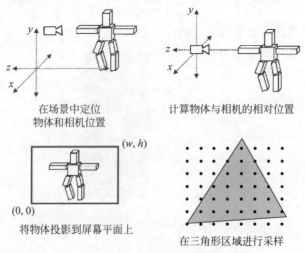

图 4-13 图像渲染

　　如图 4-14,我们采用简单的光照模型(左)会发现与真实物体在视觉上还存在一定的差距,右图则更真实一些,而右边图像则是通过着色处理让其有更好的显示效果。

图 4-14　着色前后效果

　　通过引入 Blinn-phong 模型,可以实现着色,从而获得更好更真实的渲染结果。Phong 光照模型是真实感图形学中提到的第一个有影响的光照模型,生成图像的真实度已经达到可以接受的程度。Phong 模型用来模拟光从物体表面到观察者眼睛的反射。尽管这种方法符合一些基本的物理法则,但它更多的是基于对现象的观察,所以被看成是一种经验式的方法。在实际应用中,由于 Phong 模型是一个经验模型,因此存在以下的问题:

　　(1) 显示出的物体像塑料,没有质感变化。

　　(2) 没有考虑物体间相互反射光。

　　(3) 镜面反射颜色与材质无关。

　　(4) 镜面反射入射角大,会产生失真现象。

　　在引入 Blinn-phong 模型之前,我们先引入一些基本概念。高光区是指亮度最大的区域,即视角方向与反射方向重合;漫反射区是指颜色变换不明显区域的环境光照区,即光线经过多次漫反射最终照亮的区域,如图 4-15 所示。

图 4-15　光照环境

1）Blinn-phong 模型：漫反射项

一个比较粗糙、无光泽的物体表面对光的反射表现为漫反射。漫反射分量表示特定点光源在景物表面某一点的反射光中那些向空间各方向均匀反射出去的光。这种表面对入射光在各个方向上都有强度相同的反射，因而无论从哪个角度观察，这一点的光亮度都是相同的。

郎伯余弦定律：对于一个漫反射体，表面反射光亮度和光源入射角（入射光线和表面法向量的夹角）的余弦成正比，即

$$\cos\phi = I \cdot n \tag{4-5}$$

针对特定着色点进行分析，流程如下。

（1）接受过程：平面点接受能量与光线夹角关系，如图 4-16 所示。

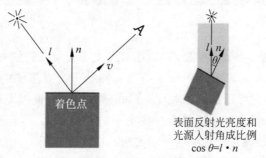

n—法线方向；l—光照方向；v—观测方向。

图 4-16　接收能量与夹角关系

（2）发射过程：点光源，能量集中于光源点向外辐射，强度随距离减小，设定距离为一个单位距离处光线强度为 I，且与距离的平方成反比，如图 4-17 所示。

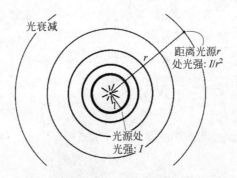

图 4-17　距离与光照能量关系

L_d 表示反射出来的光线，I/r^2 表示光源传递过来的光强，$\max(0, n \cdot l)$ 决定正面照射到着色点的光通量，K_d 漫反射系数，如图 4-18 所示。

如图 4-19 所示，漫反射系数逐渐变大，物体图像显示效果发生变化。

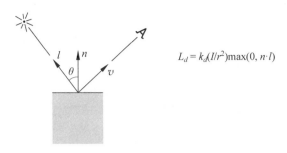

$$L_d = k_d(I/r^2)\max(0, n \cdot l)$$

图 4-18　漫反射光照计算

$$k_d \longrightarrow$$

图 4-19　漫反射系数作用效果

2）Blinn-phong 模型：高光项

观察方向接近镜面反射方向：即判断 v 和 r 向量接近程度——转化为法向量与半程向量 h 的接近程度。其原因为半程向量可有光照方向 l 与视角方向 v 相加求单位向量获得，如图 4-20 所示。

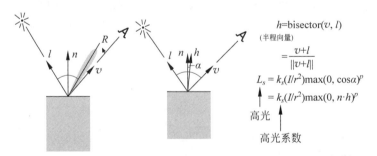

$h=\text{bisector}(v, l)$
（半程向量）
$$= \frac{v+l}{\|v+l\|}$$
$$L_s = k_s(I/r^2)\max(0, \cos\alpha)^p$$
$$= k_s(I/r^2)\max(0, n \cdot h)^p$$

高光

高光系数

图 4-20　高光（L_s）计算

针对指数 p，基于容忍度的考虑，即当夹角较小时看到高光，当夹角变大例如大于 5°时高光效果基本消失，一般指数 p 在 100～200 范围内，如图 4-21 所示。

如图 4-22，考虑漫反射和高光项的结合，当 p 越来越大，高光范围逐渐变小，当角度发生小偏移时，高光消失。

$$L_s = k_s(I/r^2)\max(0, \boldsymbol{n} \cdot \boldsymbol{h})^p \tag{4-6}$$

3）Blinn-phong 模型：环境光照

环境反射光由环境光在邻近物体上经过多次反射产生，如图 4-23 所示。光是

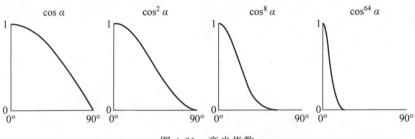

图 4-21 高光指数

图 4-22 高光效果

来自四面八方的,例如从墙壁、地板及天花板等反射回来的光,可以看作是一种分布式光源。

其特点是照射在物体上的光来自周围各个方向,又均匀地向各个方向反射。这种光产生的效应简化为它在各个方向都有均匀的光强度 I_e,即某一个可见物体在仅有环境光照明的条件下,其上各点明暗程度完全一样,如图 4-24 所示。

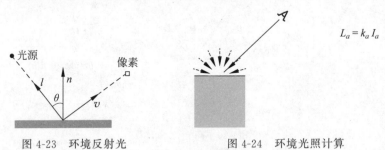

图 4-23 环境反射光   图 4-24 环境光照计算

环境反射光的亮度可表示为:L_a 为物体的环境光反射亮度,I_a 为环境光亮度,K_a 为物体表面的环境光反射系数($0 \leqslant K_a \leqslant 1$)。

4)Blinn-phong 光照模型

如图 4-25 所示,是在三种光照结合下 Blinn-phong 光照模型的视觉效果。

$$L = L_a + L_d + L_s$$
$$= k_a I_a + k_d (I/r^2) \max(0, n \cdot l) + K_s (I/r^2) \max(0, n \cdot h)^p \qquad (4\text{-}7)$$

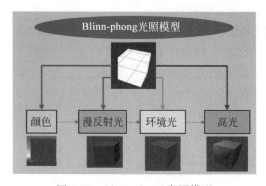

图 4-25　Blinn-phong 光照模型

3. 明暗处理

为了实现图像更好的渲染,我们学习了光照模型,了解光照与物体之间的影响关系,将两者结合起来,让渲染的图像具有它自己的光亮度属性,让其更加真实。针对简单的模型,我们能够将每个像素点的光照强度计算出来,但当模型复杂、组成的三角形面片较多时,我们如何在减小计算量的情况下获得最好的渲染效果呢?

现有的计算模型表面光亮度的方式有: Flat 明暗处理技术、Gouraud 明暗处理技术和 Phong 明暗处理技术,如图 4-26 所示。

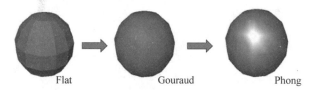

图 4-26　明暗处理技术

如图 4-26 所示,三个球体为同一实体模型,利用不同明暗处理技术计算光照,第一个模型呈现多面体状,这是由于不同平面片之间存在不连续的法向量,导致由多个平面片表示的物体表面光亮度呈现不连续跃变,最终使图形失去了原有曲面的光滑性,第二个模型则缺失了高光效果,通过渲染效果我们也可以看出明暗处理对图形渲染的重要性。

这里主要介绍具有代表性的两种算法: Gouraud 明暗处理技术和 Phong 明暗处理技术。

1) Gouraud 明暗处理技术

已知生成该多面体的原始曲面,而多边形的各顶点即为原始曲面上的采样点,则可取多边形各顶点处原始曲面的法向量为该点的法向量。将法向量代入光照明模型进行顶点处光亮度的精确计算。通过双线性插值,近似的计算多边形其他位置的光亮度,从而获得连续的光亮度函数。双线性插值算法步骤如下:

（1）计算多边形各顶点的光亮度。

（2）光亮度线性插值。一条扫描线与多边形的边相交，交线的两个端点分别是 A 和 B，设 P 是交线上一像素中心，称为采样点。多边形三个顶点的光亮度分别为 I_1、I_2 和 I_3，取 A 点的光亮度 I_A 为 I_1 和 I_2 的线性插值，B 点的光亮度 I_B 为 I_1 和 I_3 的线性插值，则 P 点的光亮度 I_P 为 I_A 和 I_B 的线性插值，如图 4-27 所示。

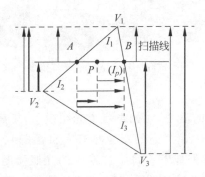

图 4-27　双线性插值

$$\begin{cases} I_A = \dfrac{y_A - y_1}{y_2 - y_1} \cdot I_2 + \dfrac{y_2 - y_A}{y_2 - y_1} \cdot I_1 \\[2mm] I_B = \dfrac{y_B - y_1}{y_3 - y_1} \cdot I_3 + \dfrac{y_3 - y_1}{y_3 - y_1} \cdot I_1 \end{cases} \tag{4-8}$$

其中，y 为各点投影到屏幕之后的 y 轴坐标。

$$I_P = \frac{x_B - x_P}{x_B - x_A} \cdot I_A + \frac{x_P - x_A}{x_B - x_A} \cdot I_B \tag{4-9}$$

其中，x 为各点投影到屏幕之后的 x 轴坐标。

2）Phong 明暗处理技术

对多边形顶点处的法向量做双线性插值，在多边形内构造一个连续的法向量函数，依据这一函数计算的多边形内各采样点的法向量代入光亮度计算公式，即得到由多边形近似表示的曲面在各采样点处的光亮度，如图 4-28 所示。

同样，可采用扫描线双线性插值方法，计算法向量 N 时只要把 Gouraud 明暗处理中代表光亮度的 I 换成相应的法向量 $\boldsymbol{N}$ 即可。

图 4-28　Phong 明暗处理

法向量计算后,代入光亮度计算公式即得到由多边形近似表示的曲面在各采样点处的光亮度。

Phong 明暗处理从求解由多边形近似表示的原曲面的法向量入手,对高光较为敏感,画面真实感较 Gouraud 明暗处理的绘制结果有明显的改进。但是,由于法向量 N 为矢量,而光照强度 I 为标量,故进行法向量插值时计算量较大,这影响了它在一些实时图形系统中的应用。

4.5 纹理

4.5.1 纹理定义

在真实感图形学中用两种方法来定义纹理:其一是图像纹理,即将二维纹理图案映射到三维物体表面,绘制物体表面上一点时,采用相应的纹理图案中相应点的颜色值;其二是函数纹理,即用数学函数定义简单的二维纹理图案,如方格地毯,或用数学函数定义随机高度场,生成表面粗糙纹理,即几何纹理,如图 4-29 所示。

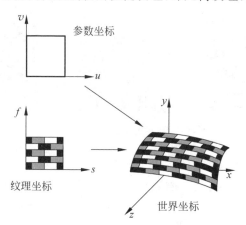

图 4-29 纹理坐标、参数坐标与世界坐标

颜色纹理坐标转换通常使用下列两种方法:

(1) 在绘制一个三角形时,为每个顶点指定纹理坐标,三角形内部点的纹理坐标由纹理三角形的对应点确定。即指定

$$
\begin{cases}
(x_0, y_0, z_0) \rightarrow (u_0, v_0) \\
(x_1, y_1, z_1) \rightarrow (u_1, v_1) \\
(x_2, y_2, z_2) \rightarrow (u_2, v_2)
\end{cases}
\tag{4-10}
$$

(2) 指定映射关系:

$$
\begin{cases}
u = a_0 x + a_1 y + a_2 z + a_3 \\
v = b_0 x + b_1 y + b_2 z + b_3
\end{cases}
\tag{4-11}
$$

几何纹理则使用一个称为扰动函数的数学函数进行定义。扰动函数通过对景物表面各个采样点的位置作微小扰动来改变表面的微观几何形状。设景物表面由下述参数方程定义：

$$Q = Q(u,v)$$

则表面任一点(u,v)处的法线为

$$N = N(u,v) = \frac{Q_x(u,v) \times Q_v(u,v)}{|Q_x(u,v) \times Q_v(u,v)|} \tag{4-12}$$

设扰动函数为$P(u,v)$，则扰动后的表面为

$$Q' = Q(u,w) + P(u,w)$$

4.5.2　纹理映射

从定义上来说，纹理映射指的便是通过将数字化的纹理图像覆盖或投射到物体表面，而为物体表面增加表面细节的过程。如图 4-30 所示，立方体通过展开可以获得一张平面图，这里存在一个一一映射的关系，立方体的任何位置都可以在平面图中找到，通过纹理图的设计，便能赋予物体多彩的外观。

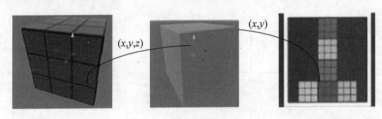

图 4-30　纹理映射

在图形渲染管线中，纹理的运用主要在点处理或者像素处理过程中进行属性添加，即顶点处理(vertex processing)阶段或分段(fragment)阶段，前者效率高，后者渲染效果更好。

4.6　使用 Unity 进行真实感渲染

这里基于 Unity 实现一个魔方的渲染完整过程，代码见书稿提供的代码库，以下为具体流程，分为 5 个步骤。

(1) 开发环境设置；

(2) 模型创建；

(3) 材质生成；

(4) 光照设置；

(5) 纹理贴图。

运行前言中二维码附带的程序后，魔方显示到实际环境中，如图 4-31 所示。

图 4-31 实际 AR 场景

习题

编程实现。下载前言中二维码附带的代码框架和三维模型,使用 Unity 编程实现具有如图 4-32 所示的渲染效果,并集成到 AR 应用中。

图 4-32 习题效果图

参考文献

［1］ 闫令琪. GAMES101:现代计算机图形学入门［EB/OL］. 2020-4-2(2023-8-30). https://games-cn. org/intro-graphics/.

［2］ 3D Graphics rendering pipeline［EB/OL］. 2012-7-2(2023-8-30). https://www3. ntu. edu. sg/home/ehchua/programming/opengl/CG_BasicsTheory. html.

第5章

运动仿真与动画

虚拟场景中,模型有静止、运动两种状态。静止状态随着时间的变化保持着相同的坐标,如街道、建筑物等;而运动动态则随着时间的变化而变换不同的位置和方向,如车辆、车间虚拟人作业等。这些运动仿真可以通过多种方式来实现,场景中的运动状态可以提升系统沉浸性,因为获得沉浸性不仅仅需要在视觉上看起来逼真,同时还要和日常生活一致——各种生动、变化的场景。如图 5-1 所示,本章将介绍 VR/AR 中基于计算机动画实现物件运动、视角变化等技术。

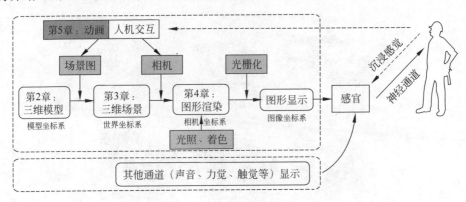

图 5-1　VR/AR 系统之仿真与动画

5.1　计算机动画概述

人眼在观察景物时,光信号传入大脑神经,需经过一段短暂的时间,光的作用结束后,人眼中的视觉形象并不立即消失,这种残留的视觉称"后像",视觉的这一现象则被称为"视觉暂留"。动画通过播放连续图像以使其在人大脑中显示为运动对象的过程,赋予了静态图像以生命。人类描述动画的活动可以追溯到古代。在古代,动画图像是手工绘制的,后来以胶卷形式展示以制作动画,今天使用计算机生成的动画是当今动画制作的常用方法。

5.2　基于关键帧的仿真动画

5.2.1　关键帧动画基本方法

　　VR/AR 系统中采用的动画技术大多是关键帧动画(keyframe animation)。关键帧插值技术是通过对包含关键帧之间的信息平均计算后,以一定的规则插入画面的。动画关键帧是由它在动画时间轴上的具体时刻以及与它相关的所有参数或属性确定的。这些参数包括物体的空间位置、物体形状和物体的属性等。插值技术是一种表达和控制一幅画面转化到另一幅画面所用时间、参数或属性变化量的快捷方法,如图 5-2 所示。

图 5-2　关键帧与通过插值得到的中间帧

　　如图 5-3 所示,关键帧的基本思想是仅记录重要的动作事件(events),中间帧通过计算机来进行插值和近似获得。将每一帧视为参数值的向量,插值分为线性插值和样条插值,如图 5-4 所示。

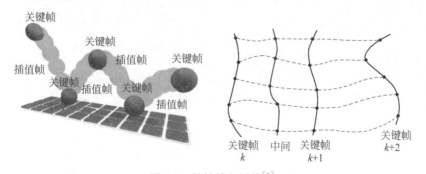

图 5-3　关键帧与插值[1]

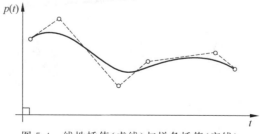

图 5-4　线性插值(虚线)与样条插值(实线)

（1）线性插值：插值后得到的是一段一段的直线，动作衔接不光滑，用于简单、要求不高的过渡。

对于线性插值，给定初始点(x_0,y_0)和关键帧(x_1,y_1)，根据下式计算中间帧(x,y)：

$$\begin{cases} x = x_0 + \dfrac{t-t_0}{t_1-t_0}(x_1-x_0) \\ y = y_0 + \dfrac{t-t_0}{t_1-t_0}(y_1-y_0) \end{cases} \tag{5-1}$$

（2）样条插值：用于平滑/可控插值的样条曲线。对于过渡光滑或者精确控制的对象，需要采用样条曲线获得更精准的中间帧。这时可将关键帧作为样条上的控制点。关于样条曲线，读者可参考相关书籍。

5.2.2 关键帧动画应用

在商用三维动画软件中，关键帧动画编辑器是重要的模块之一。图 5-5 所示为 Maya 软件的关键帧动画编辑器，它可提供复杂的样条动画插值算法。

图 5-5 Maya 系统的关键帧动画编辑器

关键帧可针对事件的多种属性，或物体的位置变化，也可改变执行动画的多种对象，如方向、大小、颜色、光线强度或者观察对象相机的焦距等，如图 5-6 所示。另外，关键帧还可以针对几何对象的细节程度、可见性、透明度、纹理映射方式、绘制参数和渲染方法等进行动画设置。

| 不同朝向（根据选择轴角度插值） | 不同大小（根据边长插值） |

图 5-6 关键帧可改变对象的多种属性

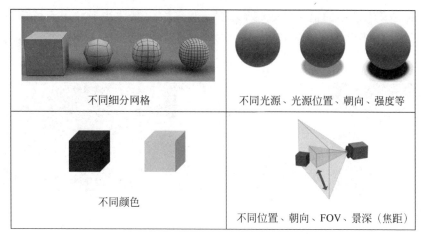

不同细分网格

不同光源、光源位置、朝向、强度等

不同颜色

不同位置、朝向、FOV、景深（焦距）

图 5-6 （续）

5.3 基于物理的仿真动画

所谓基于物理的仿真动画，就是让对象的运动、受力或者其他行为特征符合物理规律。利用物理规律计算出的仿真动画，逼真度高，可以仿真复杂的行为，如水流、碰撞变形、受热等。基于物理的仿真主要有基于两种视角的研究，分别是拉格朗日视角和欧拉视角，具体不做深入介绍，读者可参考相关书籍。

5.3.1 粒子

对于一个点，其运动符合牛顿第二定律（$F = ma$），对物体在直线运动和曲线运动下进行运动规律建模，如图 5-7 所示。

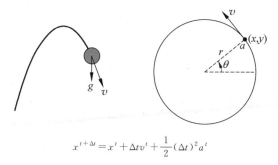

$$x^{t+\Delta t} = x^t + \Delta t v^t + \frac{1}{2}(\Delta t)^2 a^t$$

图 5-7 对物体进行运动规律建模

刚体受力可表达为质量乘以加速度，此处的加速度为速度的时间导数，速度为位置的时间导数。刚体受力可以是地球引力、弹簧力、摩擦力、空气阻力等。可以离散化表达这个常微分方程，并且在时间上使用欧拉算法处理时间积分。

　　VR/AR 系统中的很多特效(如火、水、烟雾等),都是基于粒子系统来进行仿真的,为此,需要设置粒子的各种属性,包括位置、速度矢量(速度大小和方向)、颜色(包括透明度)、粒子生命周期、大小、形状、重量等,如图 5-8 所示。

图 5-8　粒子系统的各种特效[2]

5.3.2　刚体运动

　　刚体(rigid body)是力学中的一个科学抽象概念,在外力作用下处于平衡状态的物体,如果物体的变形不影响其平衡位置及作用力的大小和方向,则该物体可视为刚体。事实上任何物体受到外力,不可能不改变形状,实际物体都不是真正的刚体。为使被研究的物体简化,若物体本身的变化不影响整个运动过程,则可以忽略物体的体积和形状,将该物体当作刚体来处理,这样所得结果仍与实际情况相当符合。针对单个刚体的运动,其和单个粒子的运动仿真技术是一样的,但是,由于刚体比粒子面积要大得多,因此计算刚体运动,要考虑重力、阻力、弹簧力等,还要考虑接触点的约束,并且两个物体不能相互穿透。如图 5-9 为两个物体的 3 种干涉状态。

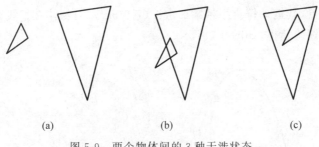

　　　　　(a)　　　　　　　　　　(b)　　　　　　　　　　(c)

图 5-9　两个物体间的 3 种干涉状态

(a) 无干涉;(b) 干涉;(c) 不确定

碰撞检测对于刚体运动非常重要,二维碰撞检测常用的有两类方法。

1. 二维凸多边形碰撞检测算法——SAT

　　碰撞检测可分为粗略检测(broad phase)与精细检测(narrow phase)两个阶段。在精细检测中,通常采用基于分离轴定理(separating axis theorem,SAT)的碰撞检测算法。其原理是若两个物体没有发生碰撞,则总会存在一条直线,能将两个物体分离,这条能够隔开两个物体的线称为分离轴。该方法直观且高效,然而只适用于凸多边形的碰撞检测。

2. GJK 碰撞算法

在精细碰撞检测中,除了 SAT,另外一个就是 GJK(Gilbert-Johnson-Keerthi, GJK)算法。SAT 从"分离"的角度去思考物体间的碰撞,而 GJK 算法则从重叠的角度来探索物体之间的碰撞。两个图形产生了重叠,意味着它们有一组共同点,共享一组坐标。而产生碰撞的条件是,两个图形必须至少重合一个点,否则将不会产生碰撞,这就是 GJK 算法的核心意思。

为了简化计算,我们往往会对对象进行包围盒计算,利用包围盒来进行干涉检测。常用的包围盒算法有 4 种,如图 5-10 所示,分别为球形包围盒、轴对齐包围盒、有向包围盒和凸包围盒。三维碰撞检测算法和二维类似,包围盒采用三维包围盒。

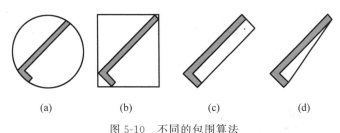

(a)　　　　　(b)　　　　　(c)　　　　　(d)

图 5-10　不同的包围算法

(a) 球形包围盒;(b) 轴对齐包围盒;(c) 有向包围盒;(d) 凸包围盒

5.3.3　柔性体仿真

典型的柔性体材料就是衣料,表面一般被建模为粒子网格,粒子间采用质量弹簧系统,如图 5-11 所示。

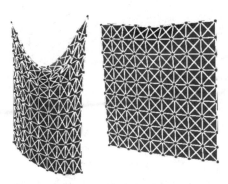

图 5-11　基于质量弹簧系统的柔性体仿真

5.4 基于运动学的机构仿真动画

在 5.3.2 节中讲到的刚体运动,是整体做一些简单的运动,这种运动一般可以用一个微分方程进行精确描述。然而在制造过程中的设备,如机器人、机床等,是由多个部件组合在一起来完成复杂运动的,那么就需要利用刚体运动学的方法进行仿真。基于运动学的机构仿真一般分为正向运动学计算和逆运动学计算。

5.4.1 正向运动学计算

所谓正向运动学(forward kinematics)计算,就是已知旋转与平移的各个量,求最终末端执行器的位姿的过程,如图 5-12 所示。

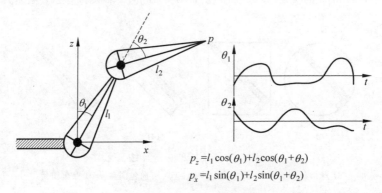

$$p_z = l_1 \cos(\theta_1) + l_2 \cos(\theta_1 + \theta_2)$$
$$p_x = l_1 \sin(\theta_1) + l_2 \sin(\theta_1 + \theta_2)$$

图 5-12 正向运动学计算

正向运动学计算的优势是控制直接方便,参数变化可立刻得到响应。但是动画可能与物理实体不一致,在实现动画的时候很费时间。

对于简单关节的运动,其关节类型如图 5-13 所示。

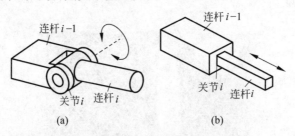

图 5-13 关节类型

(a) 转动关节(rotation joint);(b) 移动关节(prismatic joint)

对于简单模型的运动,普通的样条插值运算基本足够用来生成一条光滑路径。但对于像机器人等复杂运动,则需要专用的轨迹生成方法。

(1) 描述机器人的空间运动。允许用户用比较简单的方式描述机器人的运动,而复杂的细节问题则由计算机系统解决。用一条轨迹来通过或逼近节点,该轨迹按一定原则优化(如加速度平滑、精确等)。轨迹应在满足作业要求的同时尽量简化,如只给出末端的目标位姿,让系统由此确定到达目标的途径点、持续时间、速度等轨迹参数。

（2）建立轨迹的计算机内部描述。根据所确定的轨迹参数,在计算机内部描述期望的轨迹。这主要是选择合理的软件数据结构。

（3）生成轨迹。对内部描述的轨迹进行实际计算,即根据轨迹参数(如途径点位姿、速度、加速度、轨迹函数的系数等)生成整个轨迹。计算是实时进行的,每一个轨迹点的计算速度称为轨迹更新速度。在典型的机器人系统中,轨迹更新速度为 $50 \sim 1\,000\text{Hz}$。

轨迹描述和生成的一般采用以下方法:

运动任务描述,即把机器人的运动作为工具坐标系相对于基座坐标系的运动。

轨迹描述方法,常用两种方法。①PTP 方法,即让机器人从一个初始位置运动到某个目标位置,对中间轨迹无要求。用户须明确规定初始点、末点或加上若干个中间点的位姿、速度、加速度的约束,由系统轨迹规划器选择合适的满足上述约束的轨迹。通常在关节空间描述。②CP 方法,即用户明确规定机器人末端必须经过的连续轨迹,如直线、圆及其他空间曲线。通常在直角空间描述,如图 5-14 所示。

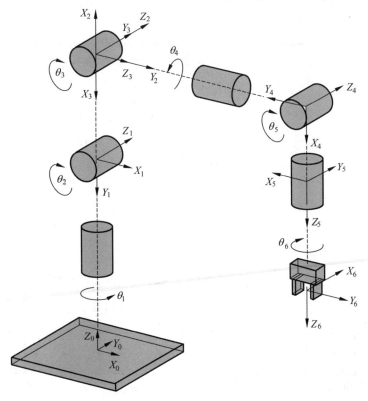

图 5-14　机器人运动关节定义

5.4.2 逆运动学计算

在机器人学中,对于一个串联的关节型机器人,已知各个关节的角度,求机器人末端的位置和姿态,称为正运动学;反之,知道末端的位置和姿态,求各关节的角度,就是逆运动学(inverse kinematics)。

逆运动学可能不是唯一解,甚至可能无解,在逆运动学计算中往往需要找到最优或者可行解,如图 5-15 所示。读者可参考机器人学书籍,学习建立 D-H 方程,进行逆求解。

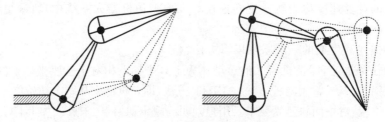

图 5-15　逆运动学的多义性[3]

5.4.3 虚拟人运动仿真方法

1. 人体关节建模

人体的关节自由度非常多,比如达索 Delmia 软件中为人体设置了 100 多个自由度。人体运动仿真,可以认为是自由度更多的机器人仿真,同样采用正/逆运动学来建模,如图 5-16 所示。

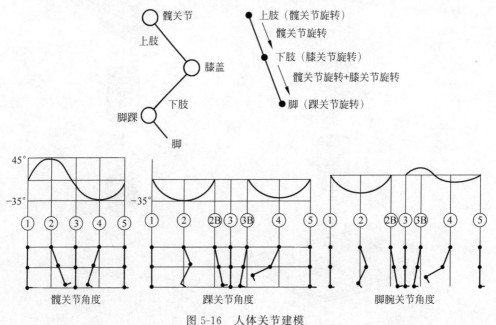

图 5-16　人体关节建模

2. 运动捕捉

在三维动画电影中,可利用光、电磁或者机械机构等记录人的动作,包括肢体和表情,将收集到的数据进行分析,提取出可作为时间函数的姿势,再迁移到三维几何的运动中,以实现极为逼真的动画,如图 5-17 所示。目前运动捕捉由于使用成本还较高,在 VR/AR 系统的工业应用中相对较少。少数的应用出现在汽车、飞机等复杂部件的装配中,如 Haptioni 公司利用达索系统在装配中实时采集人的姿势数据,实现装配仿真优化,如图 5-18 所示。

图 5-17 运动和脸部动作捕捉

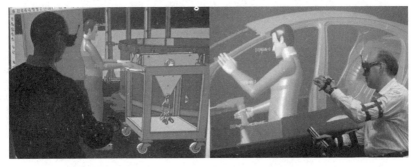

图 5-18 动作捕捉与装配仿真

习题

1. 使用 Unity 实现一个立方体旋转 360°的关键帧动画。

2. 使用 Unity 编程实现一个立方体围绕一条曲线运动的动画,要求随着运动,立方体的颜色、大小和位置发生变化。

3. 使用 Unity 编程实现一个 6 自由度机器人(前言中二维码提供 UR5 机器人模型)实现正向运动学的动画和逆运动学的动画,如图 5-19 所示。

图 5-19 习题 3 图

参考文献

[1]   HEARN D, BAKER M P, CARITHERS W. Computer Graphics with OpenGL [R].
Pearson, fourth edition, 2010, 11.

[2]   WEBGL. Particle Effect [EB/OL]. 2016-1-15 (2023-1-5). http://nullprogram. com/webgl-
particles/.

[3]   KRIS HAUSER. Robotic Systems (draft) [EB/OL]. 2020-3-25 (2023-1-5). http://
motion. cs. illinois. edu/RoboticSystems.

第6章

工程数据可视化

在产品生命周期中,数据的种类非常复杂,不仅包括产品、设备或生产工厂等外观几何信息,还包括用以对工程设计进行分析计算与分析仿真的数据,如工程数值分析、结构与过程优化设计、强度与寿命评估、运动学和动力学仿真的计算机辅助工程(CAE)等,对这些数据进行可视化和分析,可以洞察并验证未来工程和未来产品的可用性、可靠性和可加工。工程数据可视化的核心是将数据映射到图形的过程,在 VR/AR 系统中对数据进行可视化是非常重要的任务,如图 6-1 所示。

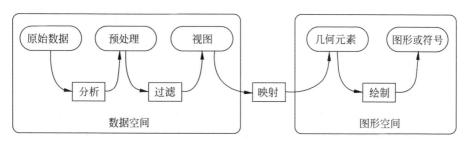

图 6-1　VR/AR 之工程数据可视化

6.1　数据可视化概述与基本流程

6.1.1　概述

大家都知道大数据背后隐藏着信息,信息之中蕴含着知识。从数据到知识的发现过程,如果纯粹通过数值、数字和表格就显得非常不清晰、不具体。人类从信息中发现知识的感官通道,约 70% 来自于视觉。相关研究成果表明,人类的视觉系统每秒钟可以处理 1 000 万比特图像信号,尤其在模式识别、注意力导向、扩展联想和形象化思维,要远超过目前计算机的水平,未来人们的决策将日益依赖大数据分析的结果,这些结果需要展现在全局化的视图,而非单纯的经验和直觉。VR/AR是一种先进的可视化界面,可视化本质上是关于各种数据进行视觉表现形式的科学技术。数据的视觉表现形式被定义为一种以某种概要形式抽提出来的信息,包括相应信息单位的各种属性和变量。数据可视化(data visualization)按照处理的数据内容不同,通常分为科学计算可视化和信息可视化。

20 世纪 70 年代初,大型计算机在重要科学研究中得到了广泛应用,科学计算成为科学活动中与理论分析、实验研究并列的重要的研究手段,对科学计算结果进行可视化分析是数据可视化中最早出现,也是最成熟的一个跨学科研究与应用领域。1986 年 10 月,美国国家科学基金会(National Science Foundation,NSF)主办了一次重要会议——"图形学、图像处理及工作站专题讨论",该领域首次被称为科学计算可视化(visualization in scientific computing,VISC),被认为是数据可视化领域的里程碑。至此,国际主要会议(例如 IEEE Visualization)发起,该领域迅速发展。科学计算可视化的发展是爆炸性的,仅仅几十年前,数据可视化领域还不存在,如今科学可视化在科学探索、医学领域、工程领域等已经深入展开[1-3]。

20 世纪 90 年代以来,随着互联网大潮和信息爆炸,可视化的另一分支——信息可视化(information visualization)渐受重视。其起源于制图学和统计图形学,主要处理对象为抽象信息(如文本、地图、图像等)和高维数据。2005 年以来,随着海量数据分析在各学科领域中日益重要,可视化技术与数据分析技术结合,又发展出数据可视化新的分支——可视分析(visualanalytics)。可视分析被定义为以可视化交互界面为基础的分析推理科学。

需要注意的是,计算机图形学是使用计算机创建图像的过程,包括二维绘画和绘图技术以及更复杂的三维绘画(或渲染)技术。而数据可视化是探索、转换为图像(或其他形式)以获取对数据的理解和洞察力的过程。对工程实验、计算或分析数据进行可视化的技术,就是本章要介绍的科学计算可视化,如图 6-2 所示。其核心是将通过计算方法与测量获取的相应数据进行转换并绘制相应的图形实现可视化展示。

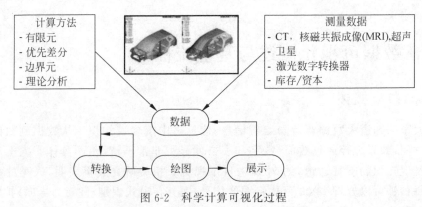

图 6-2　科学计算可视化过程

另外,数据可视化和信息可视化是两个相近的专业领域名词,也容易混淆。狭义上的数据可视化指的是将数据用统计图表的方式呈现,而信息可视化则是将非数字的信息进行可视化。前者用于传递信息,后者用于表现抽象或复杂的概念、技术和信息。而广义上的数据可视化则是数据可视化、信息可视化以及科学可视化等多个领域的统称,如表 6-1 所示。

表 6-1[4] 科学计算可视化与信息可视化的对比

对 比 项	科学计算可视化	信息可视化
目标任务	深入理解自然界中实际存在的科学现象	搜索、发现信息之间的关系和信息中隐藏的模式
数据来源	计算和工作测量中的数值数据	大型数据库中的数据
数据类型	具有物理、几何属性的结构化数据、仿真数据等	非结构化数据、各种没有几何属性的抽象数据
处理过程	数据预处理→映射(建模)→绘制与显示	数据挖掘与获取→信息可视化结构转换与显示→信息可视化交互分析
研究重点	如何将具有几何属性的科学数据真实地表现在计算机屏幕上,主要涉及计算机图形图像等问题,图形质量是其核心问题	如何绘制所关注对象的可视化属性,最关键的问题是把非空间抽象信息映射为有效的可视化形式,寻找合适的可视化隐喻
主要应用方法	线状图、直方图、等值线(面)、体绘制技术	几何技术、基于图标的技术、面向像素的技术、分级技术等
面向的用户	高层次的、训练有素的专家	非技术人员、普通用户
应用领域	医学、地质、气象、流体学等	信息管理、商业、金融、军事等

6.1.2 可视化流程

科学计算可视化将分析结果数据等转换成几何、图形或图像等,使研究者能够观察有限元分析仿真过程,将不可见的数据变成可见的图形并展示给用户。可视化过程可简单地分为 3 步:分析→处理→图形生成,如图 6-3 所示。

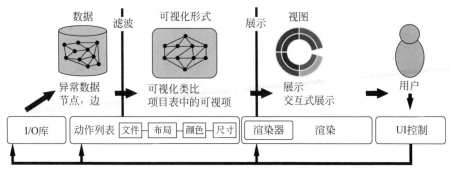

图 6-3 可视化步骤

1. 分析

(1) 分析可视化的出发点和目标是什么,遇到了什么问题、要展示什么信息、最后想得出什么结论、验证什么假说等。数据承载的信息多种多样,不同的展示方式会使侧重点有天壤之别。只有确定以上问题,才能确定要过滤什么数据、用什么算法处理数据、用什么视觉通道编码等。

(2) 分析数据,这是至关重要的一步。每次可视化任务的数据都是不同的,数据类型、数据结构均有变化,数据的维度也可能成倍增加。

(3) 针对不同领域要进行相应的分析,即可视化的侧重点要随着领域做出相应的变化。

2. 处理

此处所说的处理分为数据处理和对视觉编码处理。

(1) 数据处理是指在可视化之前对数据进行清洗、数据规范、数据分析等处理。首先,把脏数据、噪声数据过滤掉;其次,剔除和目标无关的冗余数据,调整数据结构以满足系统处理要求;最后,选择需要展现的数据维度,进行可视化,因为不可能把所有的数据都展示出来,所以可以采用标准化(归一化)、采样、离散化、降维、聚类等数据处理方法。

(2) 视觉编码设计处理是指如何使用位置、尺寸、灰度值、纹理、色彩、方向、形状等视觉通道,以映射需要展示的每个数据维度。

3. 图形生成

图形生成是指对分析、处理后的数据予以实现。

使用美观的科学表达,实现工程数据呈现的新方法,既是通过艺术渲染和视觉加工,让工程分析数据看起来更好看、更有冲击力,同时又可提供更加形象和规范的科学表达,使专业领域的知识能够容易被更多的人所理解。本章介绍的科学计算数据可视化是非常狭义的,特指面向工程数据的可视化技术,这些工程数据以有限元分析的结果数据为主。

6.2　科学计算可视化

在有限元分析计算的全部空间或部分空间中的每一点,都对应着某个物理量的一个确定的值,即在这个空间中确定了该物理量的一个场。根据物理量的不同,分为标量场、矢量场和张量场,对这些物理量进行可视化,大致分为标量场可视化和矢量场可视化。

6.2.1　有限元分析数据表示

当前工程分析计算软件对三维建模软件进行预处理,生成有限元分析需要的几何、网格单元、拓扑结构等数据,根据领域分析要求,确定约束条件,利用数值求解器进行不断迭代计算。有限元分析软件包括多个领域分析模块,如结构分析、强度分析、振动分析以及计算流体动力学分析等。分析结果数据和有限元定义的网格是相关的,这些数据将在可视化中被映射为各种图形和其他类型。

1. 有限元常用网格类型

如表 6-2 所示,对产品进行有限元分析采用的模型,和第 2 章介绍的用于显示几何形貌的多边形网格存在本质上的不同。因此,产品设计的几何模型和用于性能分析的有限元模型,事实上是两种模型。模型间巨大的差异,对于将有限元计算结果和多边形几何模型进行叠加显示,涉及较为复杂的映射,在后文将介绍。

有限元
网格的
类型与
属性

表 6-2　有限元网格模型与多边形网格模型的区别

类　　　别	有限元网格模型	多边形网格模型
几何属性	二维或三维	三维
规范性	符合计算约束和规范	不考虑计算约束和规范
单元种类	包括多种单元(点、线、面、体等)	三角形面
属性类型	单元上可包括标量、矢量和张量属性	三角形属性仅反映几何属性
复杂程度	复杂	简单

2. VTK 中几何数据类型

Kitware 公司的开源软件开发包 Visualization Toolkit (VTK)[5],在很多科学计算可视化系统中得到普遍使用,读者可使用该公司的基于 VTK 开发的开源可视化应用软件——ParaView[6] 来了解 VTK 的功能。本书将介绍 VTK.js 来实现基于 VR/AR 的有限元分析结果可视化应用。

6.2.2　标量场可视化

标量场可视化通常采用颜色映射、云纹图、等值线和等值面等方式进行可视化映射。在工程分析中标量场数据有多种类型,如压强、温度等。

1. 颜色映射

颜色映射是一种常见的标量可视化技术,可将标量数据映射为颜色,并在计算机系统上进行显示。标量映射是通过索引颜色查找表来实现的,标量值用作查找表的索引。

查找表保存颜色的阵列(例如,红色、绿色、蓝色成分或其他可比较的表示形式)。与表相关联的是标量值映射到的最小和最大标量范围(最小,最大)。大于最大范围的标量值被限制为最大颜色,小于最小范围的标量值被限制为最小颜色。然后,对于每个标量值 X_i,索引对应颜色表的序号,如图 6-4 所示。

图 6-4
（彩图）

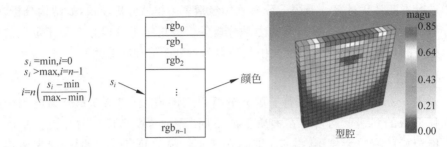

图 6-4　通过查找表来将标量映射到颜色

查找表的更一般形式采用传递函数，传递函数将标量值映射为颜色值。例如，将标量值分为红色、绿色和蓝色分量的单独强度值，如图 6-5 所示。查找表是一个传递函数的离散采样，可以使用一组离散点逼近传递函数，从而形成查找表。

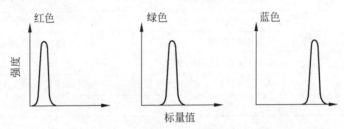

图 6-5　颜色分量红色、绿色和蓝色的传递函数是标量值的函数

颜色映射是一维可视化技术，是将一条信息（即标量值）映射到颜色规范中。然而，颜色信息的显示不限于一维显示。标量可视化颜色映射的关键是选择查找表条目。图 6-6 中显示了 4 个不同的查找表，用于可视化流体在燃烧室中流动时的气体密度。

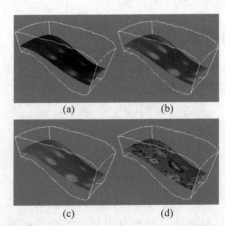

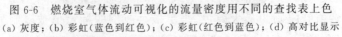

图 6-6　燃烧室气体流动可视化的流量密度用不同的查找表上色
(a) 灰度；(b) 彩虹（蓝色到红色）；(c) 彩虹（红色到蓝色）；(d) 高对比显示

图 6-6(a)采用了灰度查找表,灰度表通常能为眼睛提供更好的结构细节。其他 3 个图像使用了不同的颜色查找表。其中,图 6-6(b)使用了从蓝色到红色排列的彩虹色,图 6-6(c)使用了从红色到蓝色排列的彩虹色,图 6-6(d)使用了旨在增强对比度的表。仔细使用不同的颜色通常可以强化数据集的重要特征。但是,由于数据、颜色选择和人体生理学之间具有复杂的相互作用,任何类型的颜色查找表都可能夸大不重要的细节,从而创建虚假视觉。从实用的角度来看,颜色查找表应强调重要功能,尽量减少次要或无关紧要的细节,如表 6-3 所示。此外,还希望使用固有的包含缩放信息的调色板。例如,由于许多人将"蓝色"与低温联系起来,将"红色"与高温联系起来,通常使用从蓝色到红色的彩虹色来表示温度范围。但是即使是这样的规则也存在问题:物理学家会说蓝色比红色热,因为较热的物体发出的蓝光(即波长更短)比红色多。由此看来,可视化是非常主观的,读者在实际使用时,需要和领域专家进行商讨。

表 6-3　多种颜色配色方案表

方　案	结　果
灰阶	
彩虹配色	
顺序配色(浅色-深色)	
2 色插值	
定性离散配色	
发散配色(两种不同色调,共享浅色)	

表 6-3
(彩图)

2. 等值线与等值面

等值线是某一数量指标值相等的各点连成的平滑曲线,通常采用内插法找出各整数点绘制连成圆滑曲线,从而勾画出数据对象的空间结构特征。工程中常用的等值线有等温线、等压线、等高线、等势线等,如图 6-7 所示。将等值线推广到三维情况,就是等值面,如图 6-8 所示主要将数据推广到三维,形成相应的等值面。

实现等值面的经典算法是 Marching Cubes 算法[7],这是 W. Lorensen 等于 1987 年提出来的一种等值面提取(isosurface bxtraction)算法。

Marching Cubes 算法一般译成行进立方体算法,主要采用分而治之的思想,用一个足够大的长方体包围目标物体,再把这个包围体分成 M×N×L 个立方体,

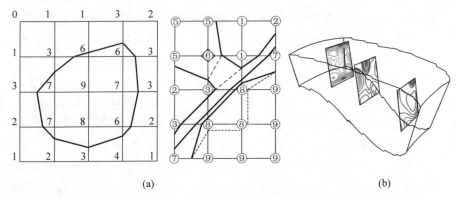

图 6-7　等值线

(a) 示例是当值为 5 连接而成的轮廓等值线；(b) 燃烧室不同截面的温度轮廓等值线

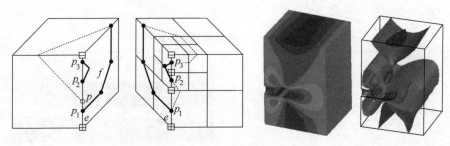

图 6-8　等值面

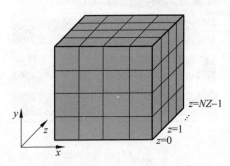

图 6-9　Marching Cubes 立方体

如图 6-9 所示。然后在 3 个维度上由不同的小立方体最终形成一个大立方体，从而构成不同的等值面。相当于是三维空间上的重采样，具体分成多少个立方体可以自行设定。

这种算法的核心是判断小立方体的 8 个顶点是否分别在目标对象的内部。如果某个顶点在物体内部，那么给这个顶点标上 0；否则给它标上 1。判断出 8 个顶点的"0"与"1"，排列组合就有 $2^8 = 256$ 种情况。

每一种情况，可以在小立方体内生成一些等值面，可理解成生成 0 个或多个位于立方体内部的三角形，一共有 256 种内部三角形的组成情况。为了针对某个小立方体去生成局部三角形，Marching Cubes 算法穷举了 256 种情况能生成的三角形，最终可以被概括成 15 个基本类型。这些基本型可通过旋转、镜像等操作来生成所有的 256 种情况。图 6-10 所示显示了 15 种不同的等值面。

Marching Cubes 算法的具体步骤如下：

(1) 选择一个单元格；

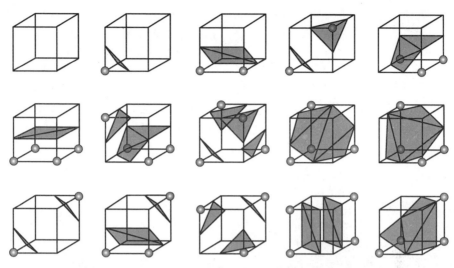

图 6-10　Marching Cubes 算法中立方体的 15 种基本情况

（2）计算该单元格每个顶点的内部/外部状态；

（3）通过将每个顶点的二进制状态存储在单独的位中来创建索引；

（4）使用索引在案例表中查找单元的拓扑状态；

（5）计算案例表中每个边的轮廓位置（通过插值）。

此过程将在每个单元格中构造独立的几何图元。一方面，在像元边界处，可以创建重复的顶点和边。通过使用特殊的重合点合并操作，可以消除这些重复项。注意，沿每个边的插值应在相同方向上进行。否则，数值舍入可能会导致生成的点并非完全重合，并且将无法正确合并。Marching Cubes 算法易于实现，但也有缺点。当把技术扩展到三维时，这尤其重要，因为等值面跟踪变得更加困难。另一方面，该算法可以创建断开的线段和点，并且所需的合并操作需要额外的计算资源。跟踪算法可以实现为每条轮廓线生成一条折线，而无须合并重合点。

对于二维可视化 Marching Cubes 算法同样适应。

标量场的可视化方法还有体绘制（volume rendering）技术，主要用于 CT 等医疗影像数据的可视化，读者可参考其他资料。

6.2.3　矢量场可视化

对空间中指定范围的每一点 P 赋予一个矢量 v，就在该空间中形成了一个矢量场。例如，电荷附近的任意一点都存在一个电场矢量，这就构成了一个矢量场；管道中任意一点的水流都存在一个速度矢量，它也构成了一个矢量场。

矢量场在不同参考系中有不同的表示方法。在空间直角坐标系中，矢量场可以用矢量的 3 个分量关于 (x,y,z) 3 个坐标的函数表示，点 $P(x,y,z)$ 处的矢量分量可描述为

$$
\begin{cases}
v_x(x,y,z) = \boldsymbol{v} \cdot \hat{\boldsymbol{x}} \\
v_y(x,y,z) = \boldsymbol{v} \cdot \hat{\boldsymbol{y}} \\
v_z(x,y,z) = \boldsymbol{v} \cdot \hat{\boldsymbol{z}}
\end{cases}
$$

对于标量场可以使用 6.2.2 节中介绍的颜色映射来描述,而矢量场的特点是方向性,反映了动态的过程。在风洞实验中,工程师常在 1 个或几个点处释放有色烟雾来查看验证对象在矢量场中的特性,如图 6-11(a)所示。矢量场可视化采用类似的方法,常使用流线(stream line)、流管(stream tube)、脉线(streak line)和迹线(path line)来表示,如图 6-11(b)所示。

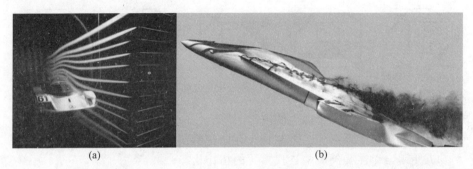

(a)　　　　　　　　　　　　　(b)

图 6-11　风洞与 CFD 仿真矢量场可视化

(a) 汽车风洞实验场景;(b) 对飞行器进行流体仿真

1. 流线可视化

1) 流线的类型

最简单的矢量场可视化是在单元节点处绘制箭头(包括方向、相对大小和时间相关变化等),但是过多的箭头显得非常凌乱,当箭头大小和矢量大小有比例相关时,箭头相互重叠,很难反映整体矢量场的特性,如图 6-12 所示。

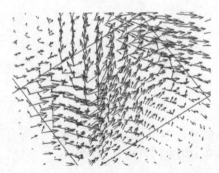

图 6-12　使用箭头对矢量场进行可视化

实践中更常用的方法是使用线或者短线来可视化流场,其中每一点上都与速度矢量相切的曲线称为流线。在整个空间中,流线的疏密程度反映了该时刻流场中速度的不同。当为非定常流时,流线的形状随时间改变;对于定常流,流线的形状和位置不随时间而变化。

矢量场可以定义为 $\boldsymbol{v}(\boldsymbol{x},t)$,其描述了一个无重量点 p 的速度 $\boldsymbol{v}$ 和位置 $\boldsymbol{x}$ 的关系,用常微分方程定义为

$$
\boldsymbol{x}(t) = \boldsymbol{v}(\boldsymbol{x}(t), t)
$$

表示矢量场特性的曲线主要有 4 种类型,如表 6-4 所示。

表 6-4　迹线、脉线、流线、时间线可视化

类　型	意　义	示　例
迹线	有物理意义; 可和实验进行对比; 适合研究动态可视化	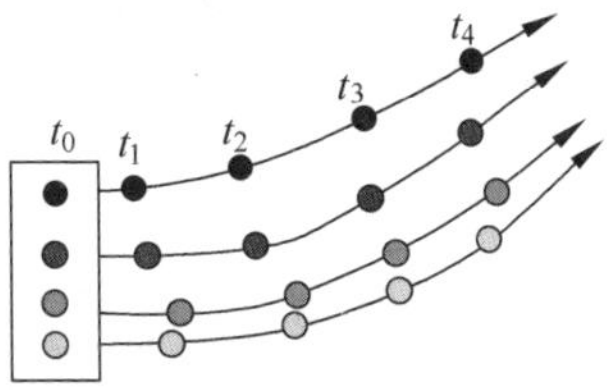
流线	仅有几何意义,无物理意义; 容易计算; 适合静态可视化; 流线不相交	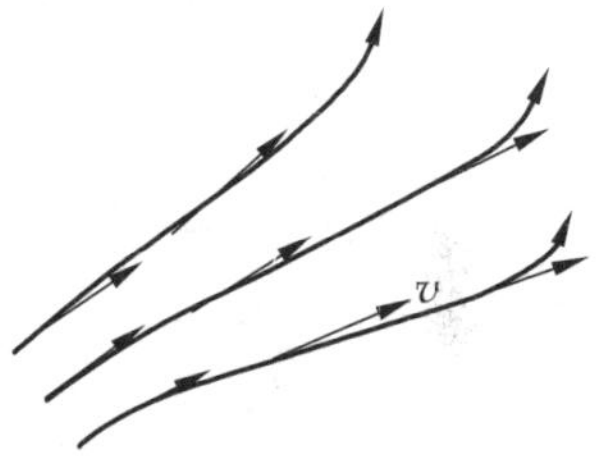
脉线	有物理意义; 可和实验进行对比; 适合动态和静态可视化; 可以用一组不相干的粒子来近似 地表示	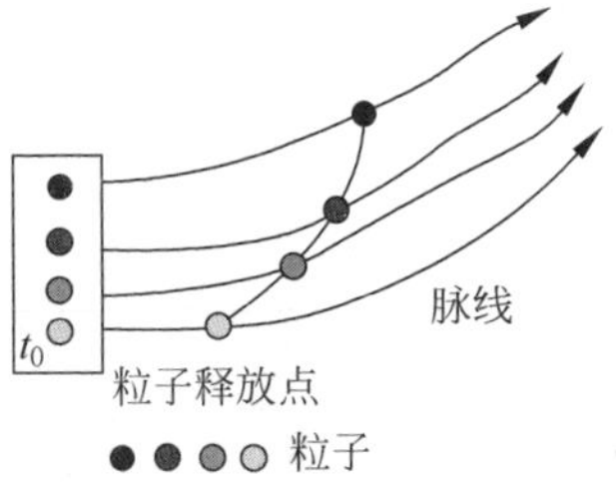
时间线	有物理意义; 适合动态和静态可视化; 可以用一组不相干的粒子来近似 地表示	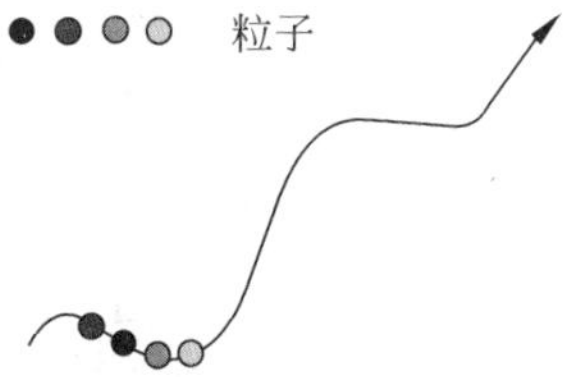

2) 流线的积分

一般动力学系统的时间演化可以用常微分方程的初值问题来描述,流场就是这样的系统。对于常微分方程初值问题的数值解法,通常有两种方法:欧拉方法和龙格库塔(Runge-Kutta)方法。

(1) 欧拉方法计算简单、速度快,但有累积误差、不稳定,如图 6-13 所示。表示为

$$x(t+\mathrm{d}t)=x(t)+x(\mathrm{d}t)$$

(2) 龙格库塔方法是一种在工程上应用广泛的高精度单步算法。由于此算法精度高,采取措施对误差进行抑制,所以其实现原理也较复杂,目前常用的有二阶和四阶方法,如表 6-5 和图 6-14 所示。

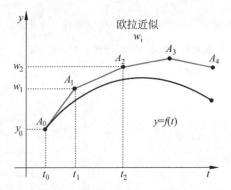

图 6-13　欧拉方法及积分误差

表 6-5　二阶/四阶龙格库塔方法

二阶龙格库塔方法	四阶龙格库塔方法
$x(t+dt)=x(t)+\dfrac{1}{2}(k_1+k_2)$ $k_1=dtv(x(t))$ $k_2=dtv(x(t)+k_1)$	$x(t+dt)=x(t)+\dfrac{1}{6}(k_1+2k_2+2k_3+k_4)$ $k_1=dtv(t)$ $k_2=dtv\left(x(t)+\dfrac{k_1}{2}\right)$ $k_3=dtv\left(x(t)+\dfrac{k_2}{2}\right)$ $k_4=dtv(x(t)+k_3)$

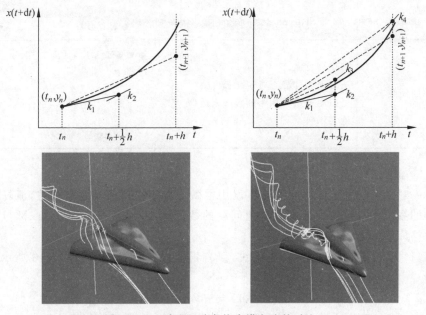

图 6-14　二阶和四阶龙格库塔方法的对比

2. 基于线生成的三维体可视化

在运动流体空间内作一闭合曲线,由过该闭合曲线的流线围成的细管称为流管。

对于矢量场,流体的迹线的表达反映了流体的重要特征。用不同的流体表达图标可以表达流体的速度、加速度、梯度、旋度甚至散度等多种特征,而用颜色、箭头方向最多只能表达两维特征。混合图形映射方法巧妙地利用图形特征,加载了更多的矢量信息。如生成流体流管的方法,采用沿流线方向扫掠椭圆的方法,如图 6-15 所示,其截面朝向始终垂直于速度方向。

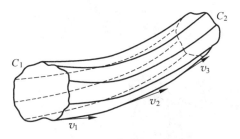

图 6-15　流管生成示意图

6.2.4　多物理场可视化

将设计过程、制造过程的多种物理场、多学科领域融合在一起,数据科学将带动多学科融合,这种多学科融合提供的协同环境,对设计评审阶段的作用非常明显。多物理场数据的可视化包含多维度(multi-dimensional)、多变量(multi-variate)、多模态(multi-modal)、多趟(multi-run)与多模型(multi-model)。其中,多维度表达物理空间中独立变量的维数;多变量表达变量和属性的数目,表示数据所包含信息和属性的多寡;多模态强调获取数据的方法不同,以及各自对应的数据组织结构和尺度的不同;多趟和多模型亦可表示数据所含信息,但和多变量属于不同的概念。例如,单变量多值数据,输入为同一个数据场,给定不同的计算参数或不同的计算模型得到不同的输出数据场,每个采样点含有属于同一个数据属性的多个值,其重点在于描述"值"的个数,而不是数据属性和变量的个数。各种物理场数据经过本章描述的可视化绘制,通过可视化接口服务接入基于模型的定义(model based definition,MBD)的属性节点之下,分别位于节点下,进行选择性叠加或者透明化处理,最终通过可视化管道融合在虚拟环境中。

6.2.5 基于 VTK 的可视化

VTK[5]是一个开源的免费软件包,主要用于三维计算机图形学、图像处理和可视化,如图 6-16 所示。在科学计算可视化领域,推荐使用 VTK 软件。

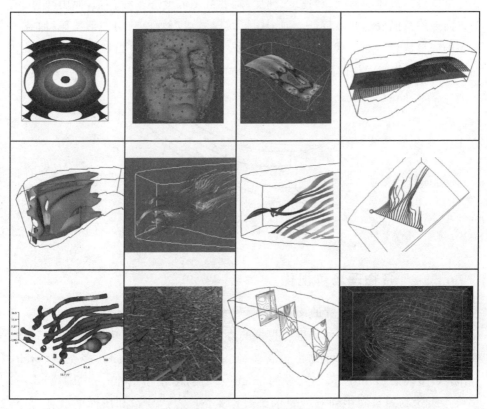

图 6-16　VTK 可视化类型

VTK 提供了丰富的可视化交互图标,常见的有 9 种类型,见表 6-6。

表 6-6　VTK 交互图标表

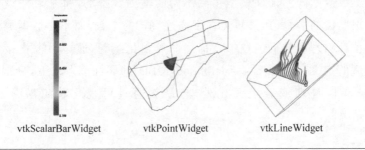

vtkScalarBarWidget　　vtkPointWidget　　vtkLineWidget

续表

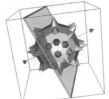
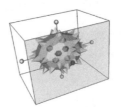

| vtkPlaneWidget | vtkImplicitPlaneWidget | vtkBoxWidget |

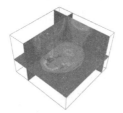

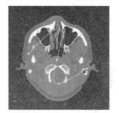

| vtkImagePlaneWidget | vtkSphereWidget | vtkSplineWidget |

1. 简单案例实现

基于 VTK.js 下载代码运行，可实现根据上述流程的简单案例，运行结果如图 6-17 所示。

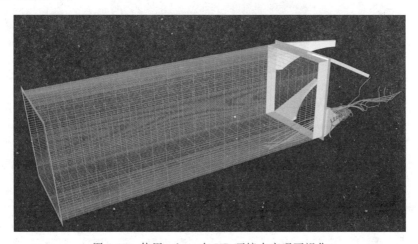

图 6-17　使用 vtk.js 在 VR 环境中实现可视化

2. 基于 VTK 的 VR 应用案例

基于 VTK 的科学计算数据可视化在 VR 应用中得到普遍应用，如图 6-18 所示。

随着 AR 技术的发展，将工程计算的数据结果可视化出来，并叠加到物理世界中的对象上，可加快对数据的空间解释，并更好地突出问题所在，比如可以使用颜

图 6-18　VR 环境中的 VTK 科学计算可视化典型应用

色映射的三维流场覆盖在管道上，利用 VTK 进行压力和温度的显示，甚至允许操作者"可视化"管内流体的行为，加快参数调整和故障检测流程，如图 6-19、图 6-20 所示[9]。

图 6-19　叶片流体增强现实

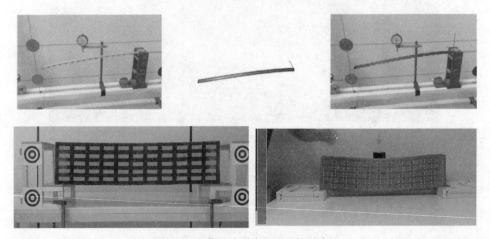

图 6-20　物理实验与 CAE 的融合

6.3　信息可视化

制造业催生了超越以往任何年代的巨量数据,制造业已经进入了大数据时代。数据如果不进行分析,则它们的价值为零。大数据分析包括两块内容:分析工具和 VR/AR 可视化工具。对数据的分析处理和钻取固然重要,但是对数据的表达方式,尤其是使用 VR/AR 的方式,也是实现大数据价值的关键技术之一。

6.3.1　信息可视化概述

Stuart K. Card 等在 1999 年给出了信息可视化的定义:"信息可视化是对抽象数据使用计算机支持的、交互的、可视化的表示形式以增强认知能力。"而基于 VR/AR 的大数据可视化则可定义为"使用 VR/AR 技术,对信息可视化进行人机自然交互,用沉浸的、与实际场景叠加的方式直观地展示抽象数据"[10]。

VR/AR 的大数据可视化是多学科融合,涉及人机交互技术、信息科学、计算机图形学以及认知科学领域。与 6.2 节中的工程科学数据可视化研究不同,信息可视化的研究重点更加侧重于通过可视化图形呈现数据中隐含的信息和规律,所研究的创新性可视化表征旨在建立符合人的认知规律的心理映像,如图 6-21 所示。

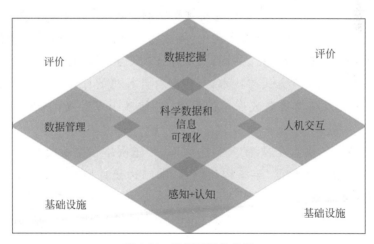

图 6-21　数据可视化分析

智能制造的一个重要研究方向就是实现透明工厂,其中可视分析(visual analytics)是核心技术,其交叉融合了信息可视化、人机交互、认知科学、数据挖掘、信息论、决策理论等研究领域。Thomas 和 Cook 在 2005 年给出了可视分析的定义："可视分析是一种通过交互式可视化界面来辅助用户对大规模复杂数据集进行分析推理的科学与技术。"可视分析的运行过程可看作数据-知识-数据的循环过程，中间经过两条主线：可视化技术和自动化分析模型。从数据中洞悉知识的过程主要依赖这两条主线的互动与协作。

VR/AR 系统本质上就是一种交互式的图形用户界面范型，其强调图形化、智能化，需要符合认知科学的用户界面模式、交互方式、交互技术和交互过程的数据等。在数据可视化领域，由于数据量大，数据的历史周期长，数据隐藏在浩瀚的海洋中，需要人机交互进行深度挖掘，并通过形成的图形化界面，将异构的数据源通过互操作的方式进行探索并发现。

6.3.2 信息可视化方法

大数据可视化技术涉及传统的科学可视化和信息可视化。基于 VR/AR 的制造大数据可视化，在本节中将重点放在信息可视化领域。这是因为在设计阶段，关注更多的是科学计算可视化；而在制造阶段，更加关注制造过程的大数据，偏向信息可视化，将掘取制造信息和洞悉制造过程知识作为出发点。在企业实际工程中也会发现，信息可视化技术与 VR/AR 的融合在大数据可视化中扮演着更为重要的角色。

大数据可视化的主要作用有使得密集型数据间形成相关性、将海量数据压缩成视觉可接受的轻量维度、提供多种视角来洞察数据、使用多种层次来挖掘数据的细节、支持视觉图形的高效率对比、将数据来叙事等。大数据可视化分析是指在大数据自动分析挖掘方法的同时，利用支持信息可视化的用户界面以及支持分析过程的人机交互方式与技术，有效融合计算机的计算能力和人的认知能力，以获得对于大规模复杂数据集的洞察力，使基于 VR/AR 的可视化探索更高效。

制造大数据的快速发展，尤其是物联网、传感网络在企业的快速普及，制造过程中产生的结构化数据、半结构化数据、非结构化数据，覆盖了文本、视频或图、时空以及多维数据等。基于 VR/AR 的信息可视化技术可分为二维/三维/多维信息、层次信息（tree）、网络信息（network、graph）和时序信息（temporal）可视化。

1. 结构化信息可视化

根据描述数据的不同特征，结构化数据可视化图形（D3. js 绘制）[11]可分为以下几种。

（1）数据分布特性（图 6-22）

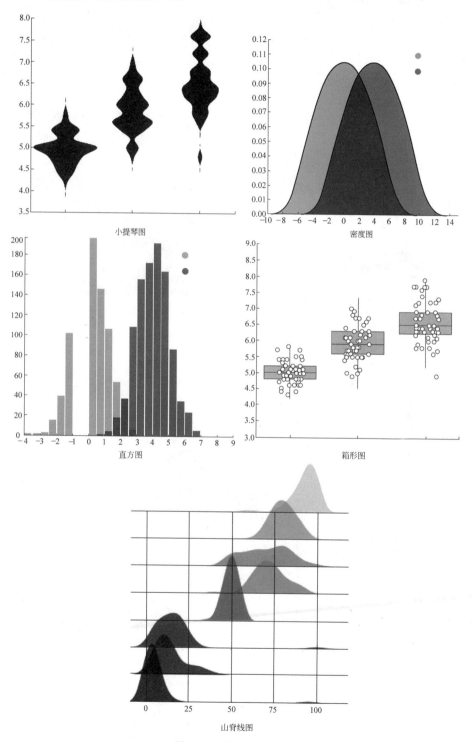

图 6-22　数据分布特性

（2）数据相关性（图 6-23）

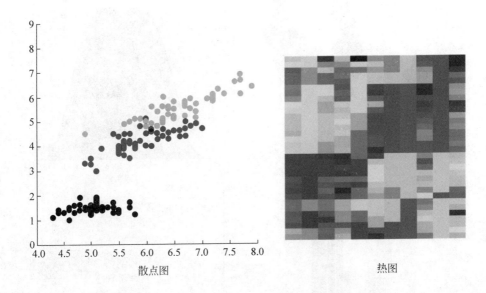

散点图　　　　　　　　　　　　热图

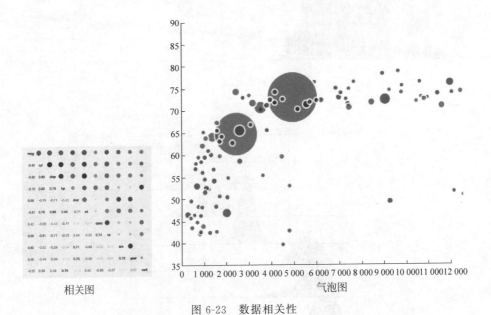

相关图　　　　　　　　　　　　气泡图

图 6-23　数据相关性

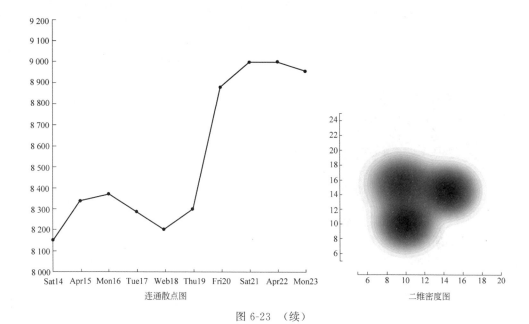

图 6-23　（续）

（3）数据权重分析（图 6-24）

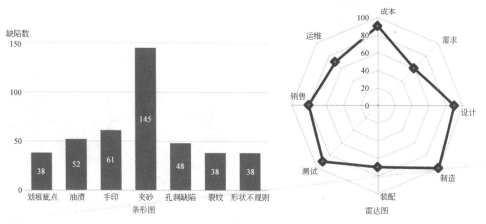

图 6-24　数据权重分析

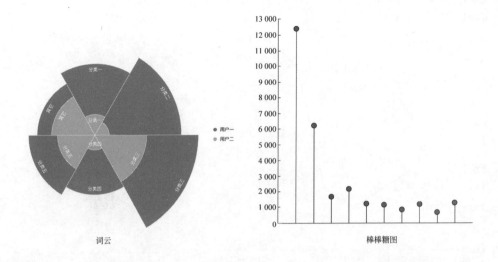

词云

棒棒糖图

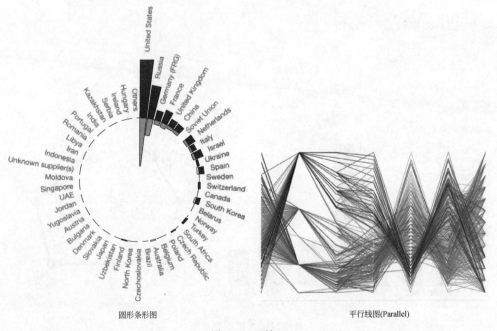

圆形条形图

平行线图(Parallel)

图 6-24 （续）

（4）部分与整体的关系（图 6-25）

产品元素占比树图

铸铁
铜
锌
镍
塑料
碳纤维
铝镁合金
银
汞

树图

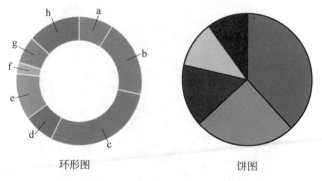

环形图　　　　　　　饼图

图 6-25　部分与整体的关系

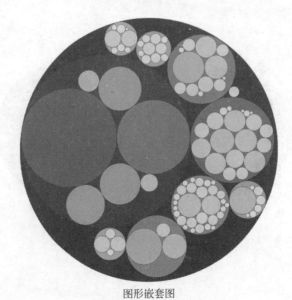

缺陷类型
I

缺陷类型
II

缺陷类型
III

系统树图

图形嵌套图

图 6-25 （续）

（5）反应数据流动性（图 6-26）

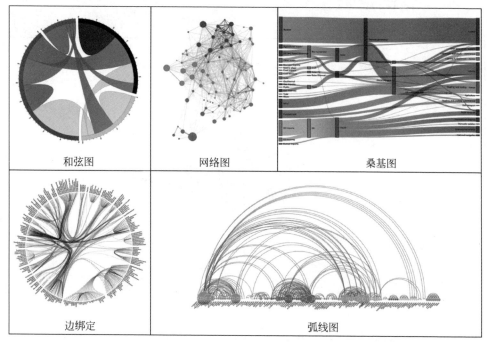

图 6-26　反应数据流动性

（6）反映数据变化趋势（图 6-27）

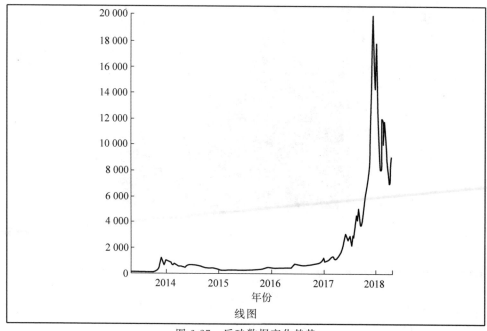

图 6-27　反映数据变化趋势

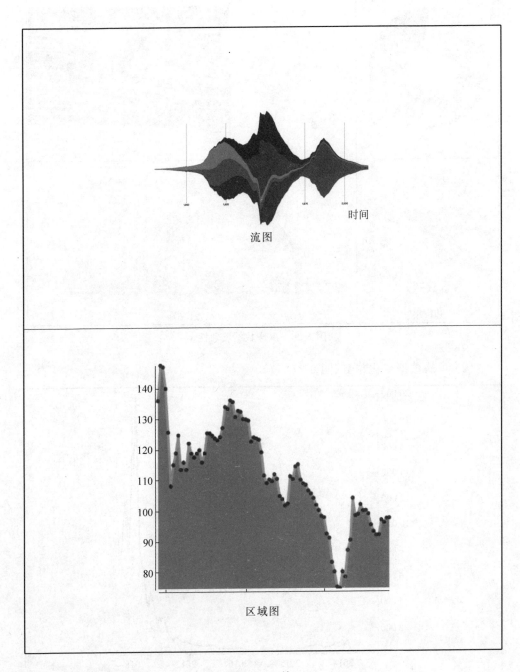

图 6-27 （续）

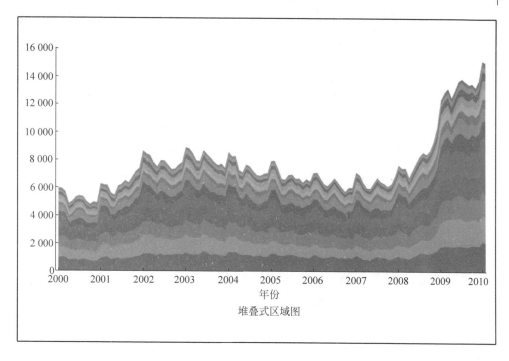

图 6-27　（续）

2. 非结构化时空信息可视化

时空信息（数据）是指带有地理位置与时间标签的数据。传感器与移动终端的迅速普及，使得时空数据成为大数据时代典型的数据类型。

多维及时空数据可视化介绍

6.4　数据可视化与虚拟场景融合

数据可视化的过程是将数据映射到图形的过程，将图形融合到场景中，要用到 3.2.4 节介绍的场景图。实现的方式非常简单，只需在场景图中添加一个可视化组节点，将标量场或者矢量场数据挂载到节点下，即可完成可视化的数据和其他虚拟场景的融合，如图 6-28 所示。

从图 6-28 可以看出，数据可视化往往是与虚拟场景中某个或者某些对象相关联的，如何实现无缝融合，其中主要的问题是实现可视化的结果和虚拟场景的对象进行匹配对应，找到一个合适的变化节点（T）。图 6-29 所示为 AR 场景中融合数据可视化应用的流程。

如果不考虑可视化结果和物理空间的融合，则操作非常简单，如图 6-30（a）所示；如果要将二者融合在一起，则需要考虑虚实融合的一致性问题，包括几何一致性、光照一致性等，如图 6-30（b）所示。

通过 AR 的相机标定，获得物理场景中指定对象的深度信息和位置信息，计算

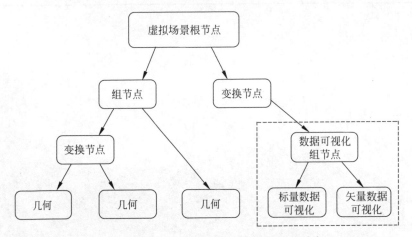

图 6-28　数据可视化节点与虚拟场景图的融合

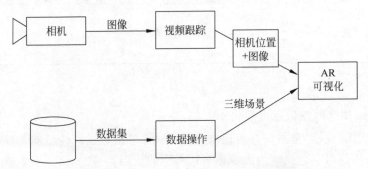

图 6-29　数据可视化和 AR 场景融合流程

图 6-30　矢量场可视化与场景融合[12]

（a）不考虑融合；（b）可视化和实际对象融合

出包围盒 Box_p，数据空间可直接获得数据对象的包围盒 Box_d，通过变化矩阵分析，算出转换节点矩阵 $\boldsymbol{M}$，即可实现几何一致性。

光照一致性相对而言较复杂，涉及遮挡、光线等，本书不展开介绍。

习题

1. 使用本书前言中二维码附带的矢量场数据集,采用 VTK.js 实现图 6-31 所示的矢量数据集可视化,实现基于 AR 的流线、流带和流管的可视化。

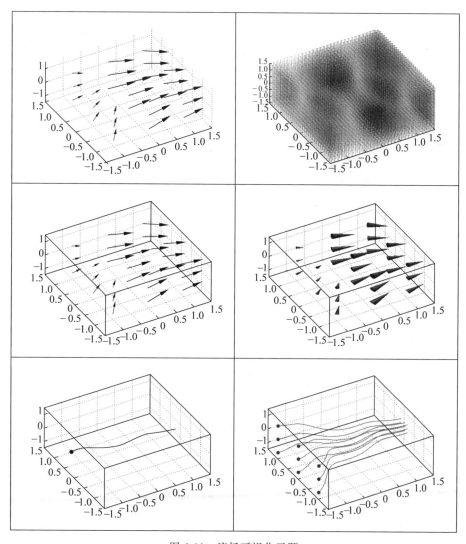

图 6-31 流场可视化习题

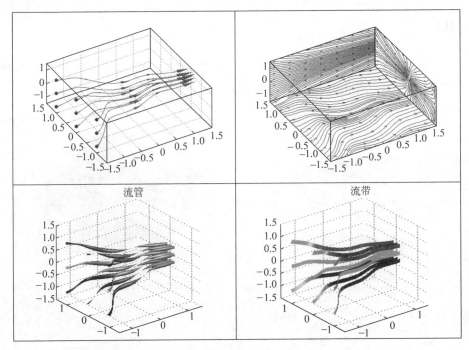

图 6-31 （续）

2. 使用本书前言中二维码附带的标量数据集，采用 Marching Cubes 算法实现等值面可视化。

参考文献

［1］ 唐泽圣.三维数据场可视化［M］.北京：清华大学出版社，1999.

［2］ 石教英，蔡文立.科学计算可视化算法与系统［M］.北京：科学出版社，1996.

［3］ 李思昆，蔡勋，王文珂，等.大规模流场科学计算可视化［M］.北京：国防工业出版社，2013.

［4］ 刘芳.信息可视化技术的应用和研究［D］.杭州：浙江大学，2013.

［5］ VTK. VTK Beginner & Advanced Courses［EB/OL］. 2015-3-25（2023-1-5）. https://vtk. org/.

［6］ PARAVIEW. Unleash the Power of ParaView［EB/OL］. 2018-4-5（2023-1-5）. https://www. paraview. org/.

［7］ LORENSEN W E，CLINE H E. Marching cubes：A high resolution 3D surface construction algorithm［J］. ACM Siggraph Computer Graphics，1987，21（4）：163-169.

［8］ KITWARE. VTK-JS［EB/OL］. 2014-9-18（2023-1-5）. https://kitware. github. io/vtk-js/examples/VR. html.

［9］ BROI W，LINDT I，OHLENBUGRG J，et al. An infrastructure for realizing custom-tailored augmented reality user interfaces［J］. IEEE Transactions on Visualizationand Computer Graphics，2005，11（6）：722-733.

［10］　任磊,杜一,马帅,等.大数据可视分析综述[J].软件学报,2014,25(9)：1909-1936.

［11］　GRAPH G. The D3. js Graph Gallery[EB/OL]. 2018-9-19(2023-1-5). https：//d3-graph-gallery. com/.

［12］　BRUNO F,CARUSO F, NAPOLI L D, et al. Visualization of industrial engineering data in Augmented Reality[J]. Journal of Visualization,2006,9(3)：319-329.

第7章

人机交互技术

第 1 章讲到交互是 VR 的"3I"之一,人与虚拟场景的交互技术在 VR/AR 系统中的地位非常重要。在智能制造的应用中,人机交互技术对实现制造过程的虚实融合、信息集成起到了关键作用,同时也是提升对制造过程可视化沉浸体验的关键技术之一。本章重点介绍人机交互技术的流程、输入和输出设备与原理,如图 7-1 所示。

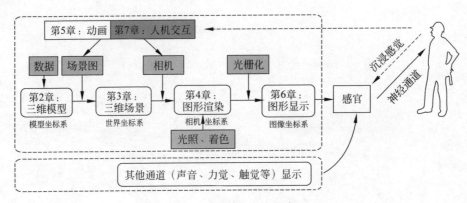

图 7-1　VR/AR 之人机交互

7.1　人机交互概述

7.1.1　概念

人机交互(human-computer interaction,HCI)[①]是一门研究系统与用户之间交互关系的学问,其中的系统可以是各种各样的机器,也可以是计算机化的系统和软件。常见的人机交互是人和实物进行交互,如按下收音机的播放按键、启停飞机上的仪表板开关等。VR/AR 系统中的人机交互对象是虚拟场景中的对象,人通过

[①]　在控制、装备等领域,人机交互称为 Human-Machine Interaction(HMI)。而在计算机领域,尤其是 VR/AR 领域,则更多地将其称为 HCI,本书使用 HCI。

传感设备与虚拟场景进行交互。

用户界面(user interface,UI)是人和系统间的媒介[1],也称人机交互界面,用户通过人机交互界面与系统交流,将人类的行为或状态转化为系统的表示,反之亦然。

三维交互(3D interaction)是指用户直接在真实或虚拟的三维空间环境中进行的人机交互。本书的重点放在三维设备输入,在三维虚拟空间中进行交互(例如,跟踪控制器在 VR 中抓取/移动物体)。

随着多媒体技术、计算机技术等科技的飞速发展,语音识别技术、手写文字识别技术及视线识别技术等与人机交互相关的新兴技术开始出现,人与计算机的交流方式增多,可以通过语音、手势、眼神、表情等多通道输入信息,而计算机也可以通过声音、图像、视频数据等进行输出,如图 7-2 所示。可见,人机交互技术涉及多学科交叉,是计算机科学、认知心理学和艺术融合的学科。

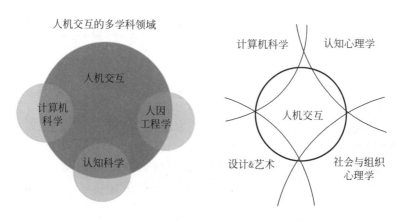

图 7-2 人机交互技术涉及的学科领域[2]

当前人机交互逐渐朝着以人为中心的方向发展,越来越重视人的感觉和体验,旨在实现以最自然的方式与计算机进行交互操作[3]。

7.1.2 流程

1. 基本流程

人机交互系统的核心是人,人通过输出设备来感知虚拟环境对象,并根据任务需要使用输入设备与虚拟对象和环境进行交互,系统建立了人输入的信号和系统目标任务间的传递函数,不断进行循环迭代,如图 7-3 所示。

人机交互系统中的三要素是用户、对象、过程。其中,用户是人机交互设计的起点与终点,始终贯穿于人机交互设计的过程中;对象是人机交互的媒介和目标;而过程是交互的方式,体现了交互的模式。人机交互的过程是用户通过人机界面

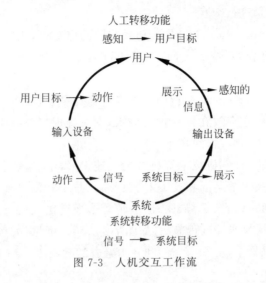

图 7-3　人机交互工作流

向计算机输入指令,计算机经过处理后再把结果反馈给用户的过程,如图 7-4
所示。

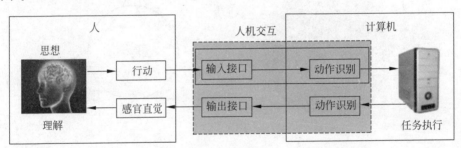

图 7-4　人机交互系统的计算机组成:用户、对象和过程

2. 人机交互目标

人机交互分为自然人机交互和非自然人机交互。其中,自然人机交互是指用
户如何在虚拟世界中移动自己,同时在现实世界中保持固定。在这一过程中,最重
要的概念是重新映射,即现实世界中的运动可以映射成虚拟世界中实质不同的运
动。这使得许多强大的交互机制成为可能,用户在虚拟世界中与其他对象互动的
方式增多。非自然人机交互则考虑了一些额外的交互机制,如编辑文本、设计三维
结构和网页浏览。人机交互任务主要聚焦 3 个目标:交互的性能、可用性和有
用性。

3. 人机交互的任务

通用人机交互的任务分为 3 个阶段,分别是感知、认知和物理世界响应,具体
主要包括导航、对象选择、对象操纵、系统控制和输入等任务。导航任务中的漫游,
用作机动运动部分,而路径选择,则是认知(cognition)部分内容。在场景中进行对

象的选择或挑选,高亮化虚拟对象,也是非常常见的人机交互任务。对选择后的对象进行操纵是人机交互中非常难的任务,包括设置对象位置、方向、比例、形状和其他属性。另外,对于 VR/AR 应用,利用应用系统进行场景配置和控制是基本功能,其中包括了设置系统的状态、风格或交互模式等,同时还包括在虚拟场景中所采用的输入方式,如图 7-5 所示。

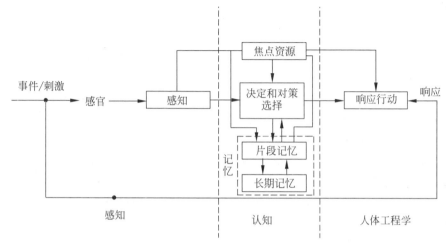

图 7-5 信息处理与人机交互过程

7.1.3 技术发展

人机交互技术是伴随计算机的产生而发展起来的,它快速促进了人、计算机和外部世界之间的互动。随着 VR/AR 系统的应用逐渐普及,自然人机交互技术得到深入研究并迅速发展。

人机交互领域的重点是通过开发新颖的软件和硬件设计来识别和解释人的特征和行为,从而提高人机界面的效率和有效性。人机交互技术的改进可以通过为用户提供更自然和有效的方式,来与真实或虚拟环境进行交互,从而增强 VR/AR 体验。

人机交互技术涉及的子专业广泛而多样,包括(但不限于)机器学习、语音识别、语音控制、手势识别(例如手或眼跟踪)、行为识别、行为分析、情绪识别、虚拟助手、可视化和显示技术、触觉显示,以及生物识别、生物声学传感、生物信号检测和处理。这些技术可以在可穿戴设备上实现,例如智能手表、智能眼镜和健康追踪器。

一方面,VR 涉及向用户提供感官输入,该用户复制真实或想象中的环境中存在的内容。通常,感觉输入仅限于视觉和声音,但也可以包括其他感觉,例如触摸。

另一方面,AR 涉及环境的实时直接或间接体验,通常以图形、视频或声音的形式叠加在计算机生成的感官输入上。人机交互系统本质上就是简单的输入输出和反馈系统,可分为人机交互的输入、人机交互的输出界面和人机交互反馈系统 3 方面内容,其中人机交互反馈是人机交互的核心,包括了人机交互的算法和人机交互用户界面。

7.2 人机交互输入设备与原理

人机交互包括输入和输出。输入设备一般分为传统输入设备、空间输入设备(包括主动和被动的传感器设备,如人体追踪等)、三维人机界面的辅助设备与特殊目的输入设备等。

输入设备可根据自由度(DOF)进行分类。目前空间输入设备主要有 6 个自由度(3 个位置自由度和 3 个旋转自由度),根据输入频率,可分为离散型、连续型和混合型(离散与连续融合的)3 类。

人机交互
输入设备
介绍

传感器有主动式(需要用户穿戴,可以产生离散与混合型数据)和被动式(不需要穿戴,放置在特定位置[①])之分。

输入设备包括定位功能(用于确定对象的位姿)、计算功能(生成数据)和选择功能(从数据集中选择特定数值)。

7.3 人机交互输出界面

人机交互
输出界面
设备介绍

人机交互的过程少不了输出界面,输出设备最常见的就是视觉输出设备和声音输出设备。随着人机交互技术的发展,更多的自然交互输出设备也在不断涌现出来。

7.4 人机交互关键技术

7.4.1 选择与操作

1. 选择与操作任务

VR/AR 系统中最常见的操作是以下几类规范化操作任务:①选择操作,用于选择获取或识别一个物体或物体子集;②定位操作,改变物体的 3D 位置;③旋转操作,改变物体的 3D 方向;④缩放操作,可选择 x、y、z 不同方向,改变对象的大小比例。其中,选择操作是所有人机交互的基础,三维操作的意图,经常使用操作器来类比(metaphor),可以分为以下几类。

---

① 被动式传感器有时也可以用于主动,比如用户穿戴一个相机。

1) 抓取（grasping）

图 7-6 所示为三维操作器的抓取操作，包括平移操作和旋转操作。

(a)

(b)

图 7-6　三维操作器[4]

(a) 平移操作；(b) 旋转操作

2) 指点（pointing）

指点操作主要是指基于矢量的指点方法，采用光线投射、线轴和图像平面指点，如图 7-7 所示。

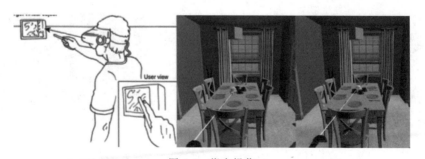

图 7-7　指点操作

3) 基于面的操作（surface）

图 7-8 所示即为面操作示例。

4) 几何选择

在 VR/AR 环境中，人机交互进行几何选择，是探索数据的重要手段。图 7-9

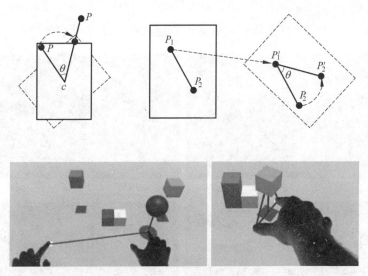

图 7-8　面操作

所示的交互图标是达索 Hoops 软件提供的多种几何数据选择方式,可高效地帮助用户探索数据。

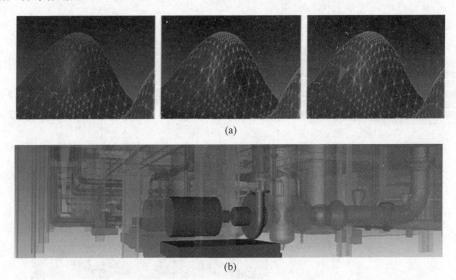

(a)

(b)

图 7-9　达索 Hoops 软件提供的选择方式

(a) 基于区域的几何拖选(可选择一系列面、一系列点或某一个面);(b) 高亮选择

　　虚拟现实可视化不仅是用图形来表征虚拟现实计算的结果,更重要的是为研究人员提供了观察和数据交互作用的手段,从而实时地跟踪并有效地驾驭数据模拟与实验过程。简洁地说,VR 可视化的内涵有两层:VR 结果可视化与 VR 计算过程可视化。

　　视景 VR 是 VR 动画的高级阶段,也是 VR 技术的最重要的表现形式。它可以是使用户产生身临其境感觉的交互式 VR 环境,实现用户与虚拟环境直接进行自然交互。视景 VR 采用计算机图形图像技术,根据 VR 的目的构造 VR 对象的三维模型或再现真实的环境,达到非常逼真的 VR 效果。它可分为 VR 环境制作和 VR 驱动。其中,VR 环境制作主要包括模型设计、场景构造、纹理设计制作、特效设计等,它要求构造出逼真的三维模型和制作逼真的纹理和特效。VR 驱动主要包括场景驱动、模型调动处理、分布式交互、大地形处理等,它要求高速逼真地再现 VR 环境,实时地响应交互操作。

　　5) 间接(indirect)

　　间接的交互方式主要采用非直接接触、虚拟接触、多层次精度光标(levels-of-precision cursor)和虚拟平板(virtual pad)等方式不直接和虚拟对象进行交互,如图 7-10 所示。

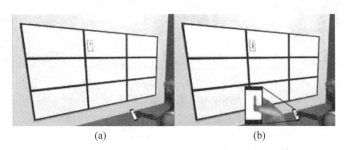

(a)　　　　　　　　　　　　(b)

图 7-10　间接交互(虚拟平板交互)

　　6) 常用三维操作技术

　　常用的三维操作技术主要有基于 HOMER 和缩放场景操作。其中,HOMER 操作是英文 Hand-Centered,Object,Manipulation,Extending,Ray-Casting 的首字母缩写。该技术以用户手为中心,通过扩展的射线投射的对象操作方式,使用射线投射选择物体,用户的手附着在物体上,用户可以用虚拟手操作物体(位置和方向),如图 7-11。

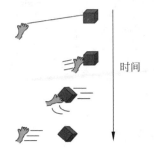

时间

图 7-11　HOMER 操作技术[5]

缩放场景技术包括两类,其一是抓取操作时自动缩放场景技术(scaled world grab),用户操作三维对象时,整个虚拟场景围绕着用户的视点进行缩放,缩放的对象始终在用户可及的范围内,如图 7-12(a)。

其二,建立一个微缩的场景(world-in-miniature,WIM),用户通过操控一个微缩场景实现对整个场景的操控,克服了手可及距离之外的物品无法直接操控的问题,如图 7-12(b)。

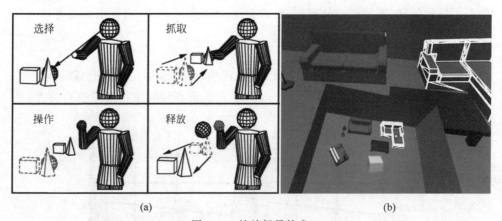

图 7-12　缩放场景技术

(a) 操作时自动缩放场景[6];(b) 基于微缩场景交互[7]

7) 双手(bimanual)操作技术

在复杂交互情景下,可能需要双手一同协调来进行交互,主要分为两种:对称方式和非对称方式。对称方式是指两只手执行相同的动作,非对称方式则执行不同的动作。如图 7-13 所示。

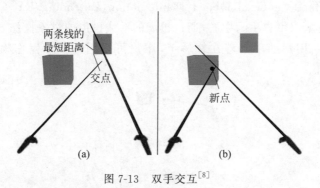

图 7-13　双手交互[8]

2. 选择与操作的主要方法

1) 模型查询与定位

虚拟现实场景中人物的移动或者是场景中某对象路径规划,在本质上都是遍历场景地图中预设好的各个路径点组成的图,场景地图中每个预设好的路径点成为场景中的节点。智能寻路就是指在遍历各个节点的过程中,寻找当前节点与目标节点之间的最短路径。因此,如何进行良好的动态路径规划,实际上就是如何更有效地遍历由虚拟场景地图节点组成的图。图的遍历是指给定一个图 G 和其中的任意一个顶点 V_0,从 V_0 出发,沿着图中各边访遍图中的所有顶点,且每个顶点仅被访问一遍。通过图的遍历,可以找出某个顶点所在的极大联通子图,消除图中的所有回路,找出关节点,寻求关键路径等。

2) 3D 动态距离/角度

距离知觉(distance perception)是指观察者使用各种线索对于环境中的目标物距离进行估计,是观察者对于自己和目标物,或者两个物体之间的距离的知觉。而动态距离知觉,就是当观察者对从空间的一点运动到另一点时所经过的距离的知觉。它是个体完成一系列动作的关键,是人和动物生存的前提。研究表明,个体主要利用视觉信息和身体感觉信息进行动态距离知觉判断。视觉信息由光学流信息和静态视觉信息组成,而身体感觉信息则分为本体感觉、前庭感觉和肌肉线索。在动态距离知觉中,被试往往使用光学流信息和身体感觉信息作为主要的距离估计线索。动态距离知觉一般采用线索提取范式或线索冲突范式,结合盲走任务进行研究。盲走任务是指当给被试呈现目标距离后,要求被试蒙上眼睛,走到目标物的位置,以复制目标距离。所谓的线索提取范式是通过控制被试的线索信息获得,从而排除其他线索信息的利用,以此来研究动态距离知觉。

3) 碰撞检测

碰撞检测用于判定一对或多对物体在给定时间域内的同一时刻是否占有相同区域,它是机器人运动规划、计算机仿真、VR、游戏等领域不可回避的问题之一。在机器人研究中,机器人与障碍物间的碰撞检测是机器人运动规划和避免碰撞的基础;在计算机仿真和游戏中,对象必须能够针对碰撞检测的结果如实作出合理的响应,反映出真实动态效果等。

随着计算机软硬件及网络等技术的日益成熟,尤其是计算机动画仿真、VR 等技术的快速发展,人们迫切希望能对现实世界进行真实模拟,其中急需的关键技术之一即是实时碰撞检测。目前三维几何模型越来越复杂,虚拟环境的场景规模越来越大;同时人们对交互实时性、场景真实性的要求也越来越高。高实时性和高真实性要求使得实时碰撞检测成为研究热点。

7.4.2 漫游

漫游是 VR/AR 中的主要交互方式,用户经常需要在场景中从一个位置移动到另外一个目标位置。三维漫游任务主要包括以下 3 个方面。

(1) 环境探索:没有明确目标,对环境进行随机交互探索。

(2) 环境视察:前往一个特定的目标或目标地点。包括两种视察,一是用户事先不知道目标或路径的位置;二是用户曾经访问过目标,或者对目标的位置有一

漫游任务

定的了解。

（3）漫游调整：对精确动作进行微调。

7.4.3 用户界面设计

人机交互系统是靠人机界面来实现的，系统是人与计算机之间传递、交换信息的媒介和对话接口，是计算机系统的重要组成部分。人机交互与人机界面是两个有着紧密联系而又不尽相同的概念，由于人机交互与人机界面的简写一样，需要特别注意。新型交互技术和设备的出现，使人机界面不断向着更高效、更自然的方向发展。在 AR 中使用较多的用户界面形态有实体用户界面、触控用户界面、三维用户界面、多通道用户界面和混合用户界面，如图 7-14 所示。

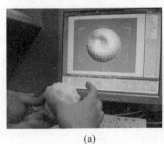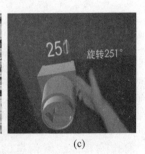

(a)　　　　　　　　　　(b)　　　　　　　　　　(c)

图 7-14　用户界面形态

(a) 实体用户界面[9]；(b) 触控用户界面[10]；(c) 三维用户界面[11]

1. 实体用户界面

实体用户界面（tangible user interface，TUI）是目前在 AR 领域应用得最多的交互方式，它支持用户直接使用现实世界中的物体与计算机进行交互，无论是在现实环境中加入辅助的虚拟信息（AR），还是在虚拟环境中使用现实物体辅助交互，在这种交互范式下都显得非常自然。

2. 触控用户界面

触控用户界面是在图形用户界面（graphical user interface，GUI）的基础上，以触觉感知作为主要指点技术的交互界面。

3. 三维用户界面

三维用户界面（3DUI）是从 VR 技术中衍生而来的交互技术，是指在纯虚拟环境中进行物体获取、观察世界、地形漫游、搜索与导航。

4. 多通道用户界面

多通道用户界面支持用户通过多种通道与计算机进行交互，这些通道包括不同的输入工具（如文字、语音、手势等）和不同的人类感知通道（视觉、听觉、嗅觉等），在这种交互方式中通常需要维持不同通道间的感知一致性。

5. 混合用户界面

混合用户界面将不同且互补的用户界面进行组合,用户通过多种不同的交互设备进行交互。它为用户提供了更为灵活的交互方式,以满足多样化的交互行为。这种交互方式在多人协作交互场景中得到了成功的应用。

智能用户界面的最终目标是使人机交互和"人-人"交互一样自然、方便。上下文感知、眼动跟踪、手势识别、三维输入、语音识别、表情识别、手写识别、自然语言理解等都是智能用户界面需要解决的重要问题。一个交互界面的好坏,直接影响到系统的成败。友好人机交互界面的开发离不开好的交互模型与设计方法,并需通过一系列评估方式进行,包括可用性分析与评估,图 7-15 所示为经典的三维图形人机交互界面。

图 7-15　经典的三维图形交互界面[12]

7.5　案例：人机交互式虚拟维修训练

数字化装配技术包括装配设计、装配顺序评价、装配训练和装配检查等。在装配设计过程中增强装配系统,将产品真实零件与虚拟三维零件预装配,在满足产品性能与功能的条件下,通过分析、评价、规划和仿真等改进产品设计和装配结构,实现产品可装配性和经济性。在装配实践中,增强装配系统通过虚拟零件、虚拟装配工具和增强装配提示信息,指导操作人员进行实际装配操作,操作人员通过轻便的透视头盔显示器看到增强的场景,传感器将操作人员的操作反馈给增强装配系统,其中的人机交互扮演着重要的角色。

图 7-16 所示为基于 AR 的装配操作引导系统的基本框架,包括以下子系统：装配操作引导智能可穿戴系统(含头戴式引导信息显示子系统,集成在光学透视智能眼镜上的双通道人机自然交互子系统等)、装配操作引导便携式客户端、装配操作引导远程传输子系统、后方支持系统、数字化装配手册子系统(包括数字化装配操作手册、3D 模型库)等。

虚拟维修训练系统通过将训练过程拆解为一系列操作行为,并将其按照维修规程组合在一起,在计算机上仿真出一个虚拟的维修训练过程,使得学员可以在虚

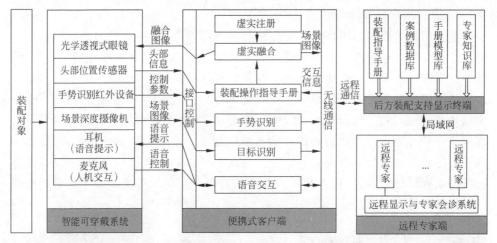

图 7-16　基于 AR 的装配操作引导系统框架图

拟环境中进行训练,从而获得维修某装备的技术。一次维修操作的基本过程如图 7-17 所示,学员按照标准操作规范进行的操作行为会引起该行为对象的某种状态发生改变,相应的控制系统或机械结构根据该变量引发系统中关联对象的状态改变。

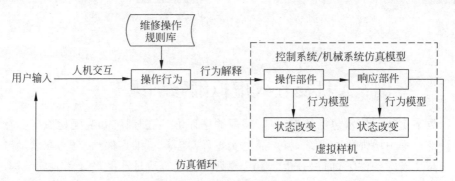

图 7-17　交互式系统仿真流程

以模拟的航天产品舱体模型电连接器安装及检验步骤,作为上述 AR 装配工艺引导训练系统的应用实例。通过增强现实引导的方式,训练无该产品装配经验的操作人员将工艺要求的电连接器零件安装到正确的装配孔中,并记录装配操作过程和装配完成后的检验图像,对所提出的方法进行验证。先进行虚拟装配工艺规划,生成动态三维工艺仿真路径文件;再依次进行零部件识别模型训练、装配操作动作识别模型训练、装配完成状态检验模板生成。以上信息共同支持在线装配状态视觉识别。在线进行装配操作的引导时,操作者佩戴 AR 眼镜观看虚拟融合的装配引导场景,包括识别的目标、文字说明、工艺仿真动画,同时也可以以此获得防错报警信息,如图 7-18 所示。

图 7-18　AR 引导操作

习题

1. 人机交互的主要任务是什么？
2. 人机交互的输入设备有哪些？
3. 人机交互的输出设备有哪些？
4. 实现人机交互选择和操作的基本方式有哪些？

参考文献

[1] JOSEPH J, LAVIOLA J. 3D USER INTERFACES FOR GAMES AND VR [EB/OL]. 2020-3-15 (2023-1-5). http://www.cs.ucf.edu/courses/cap6121/spr2020/.

[2] ICS. Disciplines Contributing to HCI [EB/OL]. 2020-4-5 (2023-1-5). https://www.ics.uci.edu/~kobsa/courses/ICS104/course-notes/contr-disciplines.htm.

[3] MARK B. COMP 4010-Lecture 4：3D User Interfaces(EB/OL). 2018-8-14 (2023-8-30). https://www.slideshare.net/marknb00/lecture-4-3d-user-interfaces.

[4] KLAMKA K, REIPSCHLAEGER P, DACHSELT R. CHARM：Cord-Based Haptic Augmented Reality Manipulation. [C]//International Conference on Virtual, Augmented and Mixed Reality. 2019.

[5] BOWMAN D A, HODGES L F. An evaluation of techniques for grabbing and manipulating remote objects in immersive virtual environments. [C]. Proceedings of the ACM Symposium on Interactive 3D Graphics, 1997：35-38.

[6] MINE M. Moving objects in space：expoiting proprioception in virtual environment interaction[C]//Conference on Computer Graphics Interactive Techniques, 1997：19-26.

[7] PAUSCH R F, BURNETTE T, BROCKWAY D, et al. Navigation and locomotion in virtual worlds via flight into hand-held miniatures[C]//Conference on Computer Graphics & Interactive Techniques. ACM, 1995：399-400.

［8］ WYSS H P，BLACH R，BUES M. Isith-Intersection-based spatial interaction for two hands [C]//IEEE,2006:59-61.

［9］ Tangible user interface design for rapid prototyping［EB/OL］. 2019-8-15（2023-8-30）. https://manthannd.github.io/projects/tui.

［10］ AV system integration［EB/OL］. 2019-4-13（2023-8-30）. http://techcom.ie/av-system-integration/.

［11］ 3DUI-3D user interfaces［EB/OL］. 2015-1-1（2023-8-30）. https://dalerosen.itch.io/3dui.

［12］ KAUFMANN H，MEYER B. Physics education in virtual reality：an example［M］. Athens：Klidarithmos，2009.

第8章

VR/AR开发方法

VR/AR 目前处于快速发展阶段,涌现出很多成熟商用平台,但是这些平台还互不兼容。比如 Oculus SDK 开发的应用只能运行于 Oculus 的设备,开发包 ARCore 和 ARKit 分别只能运行在安卓和 iOS 设备上等。本章介绍主流的 VR/AR 开发方法,分别对不同的开发包和平台进行简介,详细代码参见随书代码网址(扫描前言中的侧边二维码获取网址)。

8.1 VR/AR 开发概述

8.1.1 VR/AR 应用类型

目前 VR/AR 系统比较容易获得。一个完整的 VR/AR 系统大致由头盔、跟踪设备、手持操纵设备和计算机等组成,如图 8-1 所示。最简单的 AR 系统使用常用计算机,部署在自己的手机就可以实现。

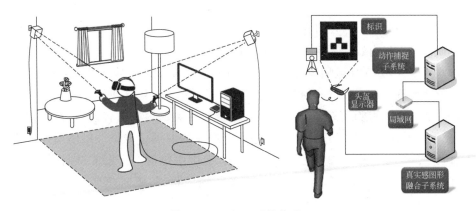

图 8-1　VR/AR 系统构成

1. 本地系统

本地系统,如表 8-1 所示,通常是指一种使用大型显示系统/头戴式显示器、触觉反馈装置和运动捕捉技术的虚拟现实体验(称为沉浸式 VR 系统)。由于这些系

表 8-1 本地系统

VR/AR 系统	硬件	推荐配置
桌面系统	桌面显示器	主流图形工作站
头戴系统	VR 头盔：Oculus Rift、HTCVive 等	主流图形工作站 视频：HDMI 1.3 视频输出 接口：两个以上 USB 3.0 接口 操作系统：主流的 Windows 系统
	AR 头盔：Hololens、Leap，Meta2 等	
移动终端	安卓设备	主流手机或平板，可采用各种开发平台开发
	iOS 设备	
大型系统	CAVE，墙式系统等	根据具体任务定制，往往需要复杂的投影设备、大型图形工作站和大范围追踪系统

统需要大量的计算资源和专门的设备来支持其操作，通常需要在固定地点进行部署。

这样的系统通常包括多个传感器和运动捕捉设备，以便跟踪用户在虚拟环境中的位置、姿态和手部动作。此外，这些系统还可能涉及声音、光线和风的模拟，使用户更能感受到身临其境。

由于这些系统需要大量的设备和空间，所以它们通常只能在特定的场所进行部署，例如游戏厅、娱乐中心或主题公园。但是，随着技术的不断发展，未来可能会出现更加轻便和便携的沉浸式 VR 系统，使得用户可以在任何地方都能够享受到沉浸式虚拟现实体验。

2. 云 VR

在本地搭建沉浸 VR 应用的局限性主要在于购置主机和终端硬件成本高，同时生成传统 VR 内容需要主机配置高性能 GPU 显卡，利用本地主机进行渲染。基于这些局限性，云 VR 应用应运而生，将 GPU 渲染功能从本地迁移到云端，使得终端的设计变得更加轻便，同时提高了性价比，降低了用户购买硬件设备的成本。云 VR 平台有利于内容的聚合，开发者在云端进行快速的内容迭代发布，用户即点即玩、无需下载，同时解决盗版问题，促进内容产业的发展。传统 VR 使用线缆或者 Wi-Fi 连接本地主机，仅能坐立式或者在房间范围内使用。而未来 5G 网络的大带宽、低延迟、广覆盖特性将使 VR 彻底摆脱线缆的束缚，随时随地可用，从而推动 VR 走向主流。

8.1.2 系统工程方法

VR/AR 开发是一种特殊的软件工程，包括交互设计、软件设计和实现、VR 沉浸体验优化等。开发和运维一个 VR/AR 系统并不容易，需要许多领域的深度知识,涵盖传感和跟踪技术、立体显示、多模态交互和处理、计算机图形学和几何建模、动态和物理仿真、性能调节等。和其他软件系统比较,VR/AR 开发需要考虑以下 3 个方面:

(1) 系统的实时性能要求。

(2) 对象外观和物理建模问题,包括对象的行为特征。

(3) 根据不同任务和输入/输出设备,实现自然的人机交互。

因此,VR/AR 应用面临的是一个多目标决策的复杂问题,一个 VR 系统包括很多模块,其构建往往需要分步和迭代实现,如图 8-2 所示。

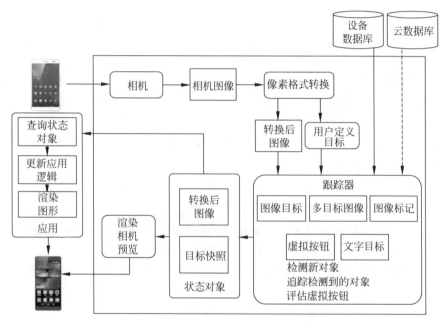

图 8-2　VR/AR 应用的主要组成

(1) 需要分析对虚拟体验的需求,初略描述完整的流程和情景结构,包括时间和交互条件,还需要估算基本的输入/输出设施或必要的计算能力,满足用户查询状态对象、更新应用逻辑和渲染图形的实时性要求。

(2) 在需求分析基础上,需要对场景对象进行建模。针对不同的场景,选择相应的 CAD 软件,并根据应用需要采用适合的图形引擎进行开发。

(3) 虚拟对象和其他对象通过数据库组织起来构成虚拟场景,通过图形引擎进行场景渲染,以高帧率(如 120Hz)显示给用户,保证对象动画的平滑性。

(4) 根据系统要求设计人机用户界面,采用特定传感器、交互设备和显示设备,结合虚拟相机/实际相机,实现虚实融合。

(5) 根据人机体验,通过一步一步的细化,逐步到达用户定义目标。

VR/AR 应用的迭代方式是分步开发的,最初的迭代聚焦于常规视图,如需求分析,描述对象和特征,以及定义分层、全局系统行为、用户任务建模和总体系统体系。而当下更多涉及视角、性能目标、渲染细节细化、人机交互等。VR/AR 应用开发要点分为 4 步。

(1) 脚本设计/需求分析。

(2) 对象/全局行为/系统结构的场景建模。①系统概要设计/修改需求;②系统设计;③系统仿真与验证,性能调节,过程分配。

(3) 性能/任务分解/交互模型/信息、功能、行为模型精细化。

(4) 输出接口和实现调试。

8.2　利用 Unity 进行系统开发

Unity 是当前主流的跨平台游戏引擎,可以用于开发各种类型的游戏和应用程序,包括 VR 和 AR 系统。Unity 提供了许多功能和工具,使得开发人员能够轻松地创建逼真的 3D 场景、交互体验和用户界面。在 Unity 中,VR 和 AR 应用程序通常使用 Unity 的 XR 技术来实现,XR 技术提供了一些预定义的组件和 API 构建 VR 和 AR 应用程序,如:

(1) Unity XR Interaction Toolkit 包含了一些预定义的互动组件,如按钮、手柄、手势等,可以在 VR 和 AR 应用程序中添加交互性。

(2) Unity AR Foundation 工具包为 AR 应用程序提供了一个统一的接口,可以与不同的 AR 平台(如 ARKit、ARCore 等)进行交互。

(3) Unity XR Plugin Framework 框架允许编写自定义插件,以便将 Unity 应用程序连接到各种 VR 和 AR 设备。

扫描前言二维码,下载本书例程 ch8-1,运行 APP。

8.2.1　使用 PTC Vuforia 软件包

Vuforia 是一款常用 AR 软件开发包,最初由美国高通公司研发,现被美国 PTC 公司收购,常用于制造领域的 AR 应用。Vuforia 软件包提供 C++、Java、.NET 等语言应用程序编程接口,支持 iOS 和安卓开发,支持 Unity 中进行集成开发,可跨平台运行。Vuforia 主要由引擎、工具集和云识别服务 3 大部分组成。

(1) Vuforia 引擎:该引擎作为静态链接库封装进最终的应用中,用来实现 AR 最核心的注册、图像识别等功能。

(2) 工具集:Vuforia 提供了一系列的工具,用来创建对象、管理对象数据库以及管理程序授权。

(3) 云标签识别服务:当 AR 程序需要识别数量很庞大的图片对象,或者对象数据库需要经常更新时,Vuforia 提供云识别服务(vuforia web services),可以很轻松地管理数量庞大的对象数据库。

　　将 Vuforia 目标添加到场景中,运行代码即可得到如图 8-3 所示效果。

图 8-3　基于 Vuforia 的 AR 用例

扫描前言二维码,下载本书例程 ch8-2,运行 APP。

8.2.2　使用苹果 ARKit 软件包

　　2017 年 6 月苹果公司发布了 AR 开发框架——ARKit。ARKit 功能强大,和苹果系统的生态圈集成度非常高,其系统框架如图 8-4 所示。目前软件包每年更新,有大量的应用系统诞生,缺点是必须在苹果系统上进行开发。

　　ARKit 并不是一个能够独立运行的框架,而是必须要和 SceneKit 一起才可以使用。相机捕捉现实世界图像,由 ARKit 来实现(见图 8-5)。在图像中显示虚拟 3D 模型,则由 SceneKit 来实现。

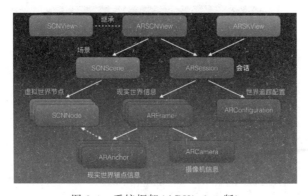

图 8-4　系统框架(ARKit 2.0 版)

　　扫描前言二维码,下载本书例程 ch8-3,运行 APP,能看到如图 8-5 所示的场景(柜子是真实场景,吉他是虚拟场景)!

图 8-5　基于 ARKit 的 AR 案例

8.2.3　使用谷歌 ARCore 软件包

2017 年谷歌推出了面向安卓设备的 AR 开发包——ARCore。该软件包用于构建 AR 体验的软件开发套件。由于运行在安卓生态系统中，是目前应用最广泛的 AR 开发套件。

扫描前言二维码，下载课程代码 ch8-3 例程，查看指南，编译运行。移动相机，直到应用检测到平面，点击屏幕即可将 3D 对象放置在该位置，如图 8-6 所示。

扫描前言二维码，下载本书例程 ch8-4，运行 APP。

图 8-6　基于 ARCore 的 AR 应用案例

8.2.4　使用微软 MRTK 软件包

微软的 AR 应用开发服务体系完整、健全成熟、兼容性强，利用它提供的 MR 开发工具包 MRTK（microsoft windows mixed reality）进行开发，结合硬件 Hololens 的增强显示，极大地推动了 AR 应用开发。

扫描前言二维码，下载本书例程 ch8-5，运行 APP。

8.3　利用 OpenSceneGraph 进行开发

OpenSceneGraph(OSG)是开源的三维引擎,被广泛应用在可视化仿真、游戏、VR、科学计算、地理信息、太空探索、石油矿产等领域。OSG 采用标准 C++ 和 OpenGL 编写而成,可运行在大部分 Windows、OSX、Linux、Android 等操作系统之中。

扫描前言二维码,下载本书例程 ch8-6,运行 APP。

8.4　基于 WebXR 的开发

随着 WebGL 的成熟,浏览器渲染效率提升很快,通过网络连接云端来加速计算或交换更多数据等,使得基于 Web 的 VR/AR 应用目前在迅速发展。基于 Web 的 VR/AR 应用具备便携性、传感器丰富、内置强大网络等优点,具有很大发展潜力,是本书推荐的开发方法[1]。

扫描前言二维码,下载本书例程 ch8-7,运行 APP。

习题

开发项目(选择其中任一):

(1) 基于 PTC Vuforia 开发一个 AR 应用;

(2) 基于 ARKit 开发一个 AR 应用;

(3) 基于 ARCore 开发一个 AR 应用;

(4) 基于 WebXR 开发一个基于浏览器的 AR 应用。

参考文献

[1]　YoneChen. WebVR 开发教程——深度剖析[Z/OL]. (2017-08-05). https://www.jianshu. com/p/665ede950af8.

附录

术语简表

头部追踪	通过传感器或摄像头等设备追踪用户的头部动作和位置,以便在增强现实体验中准确地定位和渲染虚拟对象。头部追踪可以帮助保持虚拟对象与用户的视角保持一致,从而增强沉浸感和真实感。
眼动追踪	通过使用传感器或摄像头追踪用户眼睛的运动和注视点。在 VR 中眼动追踪可以根据用户注视的位置来调整虚拟场景,使其更加逼真和沉浸式。在 AR 中可以确定用户注视的真实世界物体,并在其上叠加虚拟对象或提供相关信息。
运动追踪	运动追踪用于追踪用户在 VR 和 AR 环境中的身体运动和位置,以实现更加沉浸和交互性的体验。
头戴显示器	头戴式设备(HMD),通常由一个戴在头部上的显示器和一套传感器组成。显示器应具备高分辨率和具有广角视野,感器包括陀螺仪、加速度计、磁力计等,用于检测用户的旋转、加速度和方向等信息。通过传感器,HMD 可以实时感知用户的头部姿态和位置,从而在虚拟世界中调整视角和虚拟对象的位置。
延时	指用户在系统中进行操作或移动后,显示设备上出现可见的时间延迟。它直接影响用户的体验和感知。延时的主要因素包括图形渲染时间、传输时间和显示设备的响应时间。
沉浸感	指在 VR 和 AR 中,用户感觉自己被完全吸引和融入到虚拟环境或增强的现实世界中的程度。沉浸感是通过模拟真实世界的感官输入和交互实现的。
视野(FOV)	视野(field of view,FOV)指的是用户能够在显示设备中看到的水平和垂直范围,它表示用户可以在虚拟环境中观察到的视角大小。较大的FOV 可以提供更广阔的视野,沉浸感更好,但也可能导致图像失真、畸变或模糊等问题。设计 VR 应用时,需要综合考虑 FOV 大小、图像质量和设备的性能等因素。
显示分辨率	VR/AR 显示设备分辨率指的是显示设备中的像素数量,用于显示虚拟图像或增强现实内容的清晰度和细节。较高的分辨率可以提供更清晰、更锐利的图像,使虚拟对象或增强现实内容看起来更加真实和逼真。
虚拟现实	见 1.1.1 节关于 VR 的介绍。
增强现实	见 1.1.1 节关于 AR 的介绍。
混合现实	见 1.1.1 节关于 MR 的介绍。